人工智能

的未来

U0220831

科学出版社

北 京

内 容 简 介

当前，人工智能作为一项引领未来的颠覆性战略技术，已在国家安全、国防军事、社会治理、文化教育、医疗健康、家居娱乐等领域初露峥嵘，成为世界各国极其重视的核心竞争力技术之一。本书主要研究人工智能新技术、新构想、新应用，面向未来，从人工智能发展历程、机器学习、感知认知、人机交互、机器人、脑科学、"智能+"未来应用，以及人工智能双奇点等多维度、多层次、多领域进行全面深入剖析。

本书适合人工智能爱好者、人工智能从业者和政府机关相关人员阅读，也可作为相关行业和学术领域研究者的参考书，以及大学相关课程教材。

图书在版编目（CIP）数据

人工智能的未来／何明等编著. —北京：科学出版社，2020.6
ISBN 978-7-03-064955-3

Ⅰ.①人… Ⅱ.①何… Ⅲ.①人工智能 Ⅳ.
①TP18

中国版本图书馆 CIP 数据核字（2020）第 069233 号

责任编辑：许 健／责任校对：谭宏宇
责任印制：黄晓鸣／封面设计：殷 靓

科学出版社 出版
北京东黄城根北街 16 号
邮政编码：100717
http：//www.sciencep.com

南京展望文化发展有限公司排版
广东虎彩云印刷有限公司印刷
科学出版社发行 各地新华书店经销

*

2020 年 6 月第 一 版 开本：B5（720×1000）
2024 年 6 月第九次印刷 印张：10 1/2
字数：200 000

定价：80.00 元
（如有印装质量问题，我社负责调换）

《人工智能的未来》编著人员名单

主　编：何　明

副主编：禹明刚　何红悦　徐　兵

编　者：陈希亮　周　波　罗　玲　张　乔

序　言

　　人工智能是一项赋能技术,渗透到各行各业。探讨人工智能未来是一个热门话题,由于涉及面广,争议点多,全方位解读有一定难度。两年前计算机视觉专家Filip Piekniewski预言人工智能的第三次寒冬必将到来,今年人工智能专家李德毅院士对通用人工智能技术提出10项质疑。本书作者与大多数专家学者的观点相近,对人工智能的前景持谨慎乐观态度。目前,尽管人工智能的基础理论没有取得重大突破,在应用推广上还存在一些泡沫,但人们对人工智能的期望始终不渝,并形成基本共识:当前的弱人工智能必将向强人工智能演进,或者说,通用人工智能(artificial general intelligence,AGI)是人工智能技术的发展方向。AGI能面向不同场景,为普遍性的智力问题提供解决方案,届时机器将不仅具有计算智能、感知智能,还将拥有可与人类相媲美的认知智能和推理功能。幻想是创新的源泉,正如本书所言:"人们在电影院中观看的科幻大片未来有望日渐搬下荧屏,演变成现实场景。"

　　人工智能的前景令人憧憬,也使人感到一丝不安。知名科学家霍金曾警告说:人工智能可能是人类最大的灾难,如果管理不当,会思考的机器可能会终结人类文明。科学家对通用人工智能的担忧是严肃认真的,是在伦理道德方面对科技工作者的警告和提醒。霍金担忧的前提是:从现在起100年内,计算机将比人类更聪明。这与未来学家库兹韦尔十多年前提出的奇点理论有相似之处。库兹韦尔甚至预测2040~2045年人工智能的奇点将会到来。实际上谁也不知道奇点到来的确切日期,甚至人工智能的技术性能是否呈指数级增长,是否遵循加速回报定律,至今仍无定论。

　　本书用通俗易懂的文字和图表,深入浅出地阐述了深度学习、增强现实等抽象概念,并借助《碟中谍》《钢铁侠》等科幻电影,生动形象地描述了人工智能技术的愿景。由于略去了深奥的理论和繁琐的公式,全书给人以一泻千里之感,文笔流畅,雅俗共赏,老少咸宜,趣味性和可读性俱佳。

虽说未来将至，但未来毕竟是一个模糊的概念，未来永远是可望而不可及。本书描述的人工智能未来，也许二三十年以后才能逐渐成为现实。从这个意义上讲，探讨人工智能的未来是一个恒久弥新的话题。

中国工程院院士 戴浩

2020 年 05 月

前　言

　　从 1956 年美国达特茅斯会议至今的 60 多年来,人工智能受到计算能力、存储水平等影响,发展几经高潮与低谷。近年来,随着深度学习等机器学习技术在机器视觉和语音识别等领域取得极大的成功,人工智能再次赢得学术界和产业界的关注和重视。云计算、大数据、5G、区块链等技术在提升运算效率、降低计算成本的同时,也为人工智能进入快车道准备了翔实的数据资源和强大的研究平台。人工智能的演进方式也从聚焦计算机模仿人类智能,递进升级为人机结合的增强混合智能,"机器—人—网络"融合的群体智能,以及"机器—人—网络—物"复杂融合的智能系统。

　　人工智能是多领域颠覆性发展的技术和经济双奇点,在视觉、语音、自然语言等场景应用尤为迅速,未来将会逐步与诸如水电煤等能源一样赋能于各行各业。世界上许多国家与地区极其重视人工智能发展,美国率先发布多个人工智能政府报告,将人工智能上升至国家战略地位;英国、欧盟、日本等相继发布人工智能相关战略、行动计划,尽力谋求人工智能制高点。党的十九大报告指出,要"推动互联网、大数据、人工智能和实体经济深度融合",我国目前已出台《新一代人工智能发展规划》《国家新一代人工智能开放创新平台建设工作指引》《关于促进人工智能和实体经济深度融合的指导意见》等文件,推动人工智能技术研发和产业化落地。

　　在可见的未来,机器视觉、自然语言理解、深度学习等人工智能热点技术将持续深入发展,与智能接口、无人系统等应用方向紧密结合,迈进大规模商用阶段。人工智能产品将全方位覆盖消费级市场,人工智能的认知能力将达到人类专家顾问级别,未来或将成为一种可购买的智慧服务。智慧城市、智能医疗、智能家居、智能战场、智能机器人、自动驾驶、智慧物流等场景或领域将成为人工智能的主战场。

　　本书立足于人工智能在各领域的发展现状,同时面向未来应用前景进行展望,遵循技术为驱动、应用为导向的思路,按照人工智能的发展历程、关键技术、应用场景和未来展望的脉络,并结合热播影视、畅销科幻小说,深入浅出地进行阐述,以期增强趣味性和可读性。本书共包括 8 章:第 1 章概述人工智能的产生、发展和关键技术;第 2 章介绍机器学习和深度学习的技术沿革及发展应用;第 3 章从智联网、智能计算、智能穿戴等角度介绍感知认知技术;第 4 章介绍脑机接口、智能芯片、虚拟现实、增强现实等人机交互方式;第5章从机器人、无人集群、机器人战争等方面介绍机器人相关技术及应用场景;第6章介绍脑科学在人工智能中的跨学科交叉应用;第7章从多个领域设想人工智能的未来愿景;第8章介绍人工智能的技术奇点与经济奇点,旨在启发读者思考人工智能的未来。

全书每章节的内容组织和细节都是经过多次讨论修缮才定稿,结合团队研究成果和未来发展,遵循信息链一般过程,并综合应用和跨学科融合等因素,力求能够较为系统地梳理国内外人工智能相关技术及应用成果,凝练剖析人工智能相关理论,努力做到行文逻辑清晰、文字顺畅、深入浅出。

感谢江苏省社会公共安全应急管控与指挥工程技术研究中心、江苏省社会公共安全科技协同创新中心和江苏省应急处置工程研究中心为本书编写提供案例支持。本书的出版得到国家重点研发计划 2018YFC0806900,中国博士后科学基金2018M633757、2019K185,江苏省重点研发计划 BE2016904、BE2017616、BE2018754、BE2019762 等项目的支持。

感谢李阳、邹明光、董昌智、祝朝政、顾凌枫、马子玉、刘祖均、潘艳玲等为本书所做的工作。特别感谢我的博士后导师戴浩院士,他以严谨的学术态度认真审阅了书稿,提出了细致且有针对性的修改意见,使本书增色不少。

尽管本书编写时投入大量的资源和精力,但仍难免存在错误和疏漏之处,敬请广大读者批评指正。

何 明

2020 年 2 月

目　录

第1章　绪　论

　　人工智能是引领未来诸多领域创新发展的科学技术之一,现已全面渗透到人类社会的各行各业,并深刻改变着人们的工作方式和生活习惯。人工智能具有无限潜力,正推动着前沿科学技术的发展和社会文明的进步。人工智能前景光明,但也几经起落,任重而道远。本章回顾了人工智能的孕育发展历程,重点剖析了对人工智能的理解,立足研究现状,并结合未来展望分析了人工智能的关键技术,打开了认识人工智能的一扇窗。

1.1　从数据到智慧

　　按照 DIKW(Data Information Knowledge Wisdom)体系的观点(图 1-1),数据(Data)处理的关键是提炼信息(Information),而信息的关联是知识(Knowledge)。

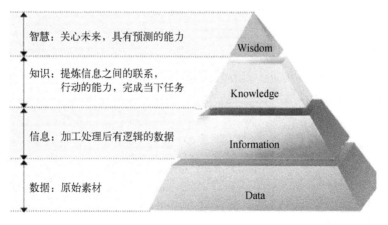

智慧:关心未来,具有预测的能力　Wisdom

知识:提炼信息之间的联系,
　　　行动的能力,完成当下任务　Knowledge

信息:加工处理后有逻辑的数据　Information

数据:原始素材　Data

图 1-1　DIKW 体系

当提炼信息、提炼知识能做到"自动化"时,知识的完备性大大加强,就可以实现信息感知、决策和执行的自动化,也就开始具备智慧(Wisdom)。此时,机器就可以代替人类做很多工作,人类真正迈进"自由"时代。

1.1.1 数据

数据是文明的基石,人类文明最初就伴随着对数据的使用。早期人类获取的数据都是通过观察周围的客观事物而来的。

公元前 26 世纪,古埃及人已经具备从数据中构建数学模型的初步能力。古埃及人根据洪水暴发的规律进行数据分析,选择在尼罗河畔耕作,因为每年尼罗河的洪水退却后可留下大量肥沃的土地。为了精确预测洪水的时间及规模,古埃及人观察天象,以观察数据为基础创立了天文学。他们根据天狼星和太阳同时出现等现象来判断农耕的时间和节气,以此判定洪水可能漫及的边界和时间。古埃及人观察到一年的时间并非恰好都是 365 天,但在当时历法中又没有闰年,于是使用一个长达 365×4+1 = 1 461 天的"时间周期",因为每隔这样一个"周期",太阳和天狼星就同时升起。现代天文学证明,以天狼星和太阳一起作为参照系比单独以太阳作为参照系更精确。这实际上也证明了数学模型要与数据相吻合才能发挥最佳效用。

中东两河流域的苏美尔人进一步发展了天文学,他们发现月亮每隔 28~29 天就完成"新月—满月—新月"的周期,同时还观察到每经过 12~13 个月亮的周期,太阳就归到原位,据此发明了太阴历。苏美尔人观测到金、木、水、火、土五大行星的运行轨迹不是简单地绕地球运转,而是波浪形的,还观测到行星在近日点移动得比远日点快。苏美尔人利用所获得的天文观测数据建立数学模型,能够计算出月亮和五大行星的运行周期,并且能够预测日食和月食。

从以上示例可以分析得出,数据是事实或观察的结果,是用来表示客观事物的素材,是对客观逻辑规律的归纳。狭义的数据指的是数字,是通过观察、实验、测量等手段得到的数值。广义的数据还包括文字、语音、图像、视频等。例如,互联网上可浏览的内容都是通过数字化之后进行传播的,日常生活和工作中接触到的数据一般都是图纸和影像等可视化形式,大自然中也蕴藏着丰富多样的数据,如山川的高度、河流的长度、季节变化的规律等。从离散程度来说,有些数据是连续的,如语音、视频等,称为模拟数据;有些数据是离散的,如文字、符号等,称为离散数据。当前电子计算机系统中,所有的数据都是离散的,并且计算机只使用二进制 0 和 1 组成的比特流来表示。

由于过去数据量不足,积累大量数据需要的时间太长,以至于在较短的时间里数据发挥的作用并不显著。同时,数据和所需信息间的联系一般是间接的,需分析不同数据之间的相关性才能发掘出来,通过概率论和统计学等构建数学模型,间接地获取目标信息。例如,为了更好地掌握 2020 年初爆发的新型冠状病毒肺炎疫情传播情况,可以通过纵向串联被感染者授权位置数据,有效梳理其生活移动轨迹等个体数据,精准追踪疫情传播路径、定位感染源;通过被感染者各类社交平台、通信网络、通话记录、转账记录等数据,构建个体关系图谱,追踪被感染者人群接触史,锁定被感染者曾经接触过的人群,以便及时采取隔离、治疗等防控措施,避免疫情更大范围扩散。

当有可能获得大量的、具有代表性的数据之后,可以更准确地描述数学模型,或者更深刻地认识已知规律。例如,天文学家开普勒就是从他的老师手上继承到大量的天文数据之后,通过数据分析和建模,终于建立了准确描述行星围绕太阳运动轨迹的模型——椭圆模型,为天文学进一步发展做出了重要贡献。信息时代,海量数据的运用,最大的意义在于让计算机完成很多过去只有人类才能做到的事情,最终将掀起大数据驱动的人工智能革命。

1.1.2 信息

信息是指通信系统传输和处理的对象,是关于世界、人和事的描述,比数据更为抽象。信息既可以是人类自身创造的事物,如文字记录,也可以是天然存在的客观事实,如树木的高度。不过信息有时隐藏在事物的背后,需要挖掘和分析才能得到,如地球重力加速度参数、行星运转周期等。人类社会的一切活动都离不开信息,只要事物之间存在相互作用,就会产生信息。

信息论创始人克劳德·艾尔伍德·香农(Claude Elwood Shannon)认为"信息是用来消除随机不确定性的东西",物质、能量、信息是组成现实世界的三大要素。控制论之父诺伯特·维纳(Norbert Wiener)认为:信息就是信息,不是物质也不是能量[1]。哈佛大学的研究团队给出了著名的资源三角形:没有物质,什么都不存在;没有能量,什么都不会发生;没有信息,任何事物都没有意义。

信息是可以被度量的,信息论创始人香农在《通信的数学原理》(*A Mathematical Theory of Communication*)[2]中提出"信息熵"这一概念,可以量化信息的作用。即对于任意一个随机事件 X,其信息熵定义为

$$H(X) = -\sum_{x \in X} P(x) \log_2 P(x)$$

其中,x 为事件 X 可能发生的结果;$P(x)$ 为发生的概率。也就是说,事件的不确定性越大,对应的信息熵就越大,如果要把事件确定下来,需要的信息量也就越多。

由此可见,信息熵将信息和世界的不确定性(或者说无序状态)联系起来了。

数据和信息虽有相通之处,但还是各有区别。数据是信息的载体,但并非所有数据都承载有用的信息。数据可以任意制造,甚至可以伪造,没有信息的数据没有意义,而伪造的数据则有反效果,比如为了优化网页搜索排名而人为制造出来的各种作弊数据。在现实中,有用的数据、无意义的数据和伪造的数据常常是良莠混杂的。后两种数据会干扰人们获取有用的信息,因此关键是如何处理数据、筛除无用的噪声、删除有害的数据、发掘数据背后的有用信息。

1.1.3　知识

一般认为,知识是人类在实践中认识客观世界及自身的成果,包括事实、信息的描述或在实践中获得的技能,并具有一致性和公允性,也可以视作构成人类智慧的最根本因素。知识的获取过程涉及感觉、交流、推理等复杂手段。柏拉图对知识有一个经典的定义:一条陈述能称为是知识必须满足三个条件:一是被验证过的;二是正确的;三是被人们相信的。

知识比信息更加抽象,通过对数据和信息进行处理,就可以获得知识。比如通过观察测量行星的位置和时间获得数据,通过对数据的统计分析得到行星运动的轨迹即信息,通过信息提炼挖掘得到开普勒三定律,就是知识。人类社会的进步就是总结并善用知识,不断地改造世界、改变生活,而数据和信息就是知识的基础。

同时,知识不是信息的单纯叠加,通常还需要加入基于以往经验进行判断。因此,知识可以解决更加复杂的问题,回答"如何做"的问题。特殊背景或语境下,知识使数据与信息、信息与信息在行动中建立起有意义的联系,体现信息的本质、原则和经验。

1.1.4　智慧

智慧狭义的定义,是指生物所具有的基于神经器官的高级综合能力,包括感知、记忆、理解、联想、情感、逻辑、辨别、分析、判断、文化、包容、决定等多种能力。智慧可以让人类深刻地理解人、事、物、社会、宇宙、现状、过去、未来,拥有思考、分析和探求真理的能力。

智慧也是一个很难定义的概念,是一种包含多个因素的综合体。人们通常会意识到智慧的存在,特别是在做出决策时,往往会反映出智慧的重要性。有心理学家认为,智慧包括知识、经验和深刻理解能力以及对不确定因素的容错机制。在人类的生产生活中,随着时间的推移,人们会意识到事情是如何发展的,进而获得知识和经验。随着经验的逐渐积累,进而可转化为智慧。因此,智慧是比智能更高层次的概念,仅有智能不足以产生智慧,但智能绝对是智慧形成的必要条件。

1.2 人工智能的发展

1.2.1 起源

人工智能的概念最早发源于哲学。哲学家迈克·波兰尼(Michael Polanyi)在其著作《默会的维度》中提出:我们知道的越多,那么我们知道的越少。同时他还认为人们知道的远比说出来的要多。波兰尼的观点体现了隐藏的知识牵引着人类不断地向显性的知识递进和演化。

诺贝尔经济学奖获得者弗里德里希·冯·哈耶克(Friedrich August von Hayek),一生中涉猎政治、社会、经济、文化、艺术、哲学和心理学等领域,在认知科学方面著有《感觉的秩序》,提出"Action more than design"的观点,即行为远胜于设计,是指人的感觉是通过行为来体现的,而不是故意设计出来的,后期演化导致了设计的出现。

哲学家卡尔·波普尔(Karl Popper)提出了物理、精神和人工三世界的观点。波普尔在著作《科学发现的逻辑》中提出,科学是证伪而不是证实,认为科学是提出问题进行猜想,然后进行反驳,不断试错的证伪机制,而不是一般的总结归纳,然后证实的实证机制[3]。

人工智能的技术起源,要追溯到 1950 年。当时四年级大学生的"人工智能之父"马文·明斯基(Marvin Lee Minsky)和同学,一起设计制造了第一台神经网络计算机。同年,"计算机之父"阿兰·麦席森·图灵(Alan Mathison Turing)提出了"图灵测试":如果一台机器能够与人类正常对话而没被识别出机器身份,则这台机器就能被称为具有智能,同时图灵还率先预言了真正具备智能的机器出现的可行性。

人工智能的正式诞生,始于美国达特茅斯会议。1956 年,信息论创始人香农和其他 9 名学者在达特茅斯学院召开了头脑风暴式研讨会,讨论了当时计算机科学未解决,甚至没有开展研究的问题,包括人工智能、自然语言处理和神经网络等。达特茅斯会议正式确立了人工智能(artificial intelligence, AI)这一术语,从此人工智能走上了快速发展的道路。

1.2.2　历程

人工智能的发展并非一帆风顺,在 60 多年的时间里经历了三次高峰和两次低谷。

人工智能的第一次高峰:达特茅斯会议之后的十多年里,数学和自然语言领域逐步应用计算机,用来解决代数、几何和推理问题,人工智能步入第一个快速发展期。很多学者对机器向人工智能发展充满信心。

人工智能的第一次低谷:20 世纪 70 年代,研究人员在人工智能项目中对难度估计不足,与美国国防部高级研究计划局(DARPA)的合作计划宣告失败,进而让大众对人工智能的前景充满疑虑,导致很多研究经费被转移给其他项目。当时人工智能面临的技术瓶颈主要是计算机性能不足、能解决问题的复杂性低、数据量严重缺失等。1973 年数学家詹姆斯·莱特希尔(James Lighthill)批评了 AI 在实现“宏伟目标”上的失败。由此,人工智能遭遇了长达 6 年的寒冬期。

人工智能的第二次高峰:1980 年,卡内基梅隆大学为美国数字设备公司(DEC)设计了 XCON“专家系统”,在 1986 年之前为该公司每年节省超过四千美元的经费。XCON 是采用人工智能方法实现的系统,随后衍生出 Symbolics、Lisp Machine 等硬件和 IntelliCorp、Aion 等软件公司。这一时期专家系统产业的价值高达 5 亿美元。

人工智能的第二次低谷:1987 年,苹果和 IBM 公司生产的台式机性能都超越了 Symbolics 等生产的通用计算机。专家系统宣告退出历史,人工智能风光不再。

人工智能的第三次高峰:2006 年,杰弗里·辛顿教授提出了深度学习,极大地发展了人工神经网络算法,提高了机器自学习的能力。深度学习等机器学习算法不断突破,极大地提升了人工智能应用的可行性;移动互联网的普及、急剧增加的海量数据为人工智能提供了充足的数据资源;大数据、云计算的快速发展,GPU、NPU、FPGA 等计算芯片的应用,为人工智能提供了处理海量视频、图像等的计算能力。算法、算力和数据量的不断提升,促使人工智能再次进入快速发展期。

人类社会已经迈入人工智能时代,智能客服、智能医生、智能家电等服务在人工智能技术的加持下,于诸多行业得到深入而广泛的应用。人工智能正在全面进入社会大众的日常生活。

这里列举了部分影响人工智能发展的关键大事件,如表 1-1 所示。

表1-1 影响人工智能发展的关键大事件

时 间	事 件	内 容
1950 年	阿兰·图灵提出"图灵测试"	如果机器能在 5 分钟内回答由人类测试者提出的一系列问题,且其中超过 30%的回答让测试者误认为是人类所答,则通过测试
1956 年	达特茅斯会议	"人工智能"概念在美国达特茅斯会议上首次被提出
1959 年	首台工业机器人诞生	美国发明家乔治·德沃尔与约瑟夫·英格伯格发明了首台工业机器人,借助计算机控制一台多自由度机械,但对外界环境没有感知
1964 年	首台聊天机器人诞生	美国麻省理工学院 AI 实验室的约瑟夫·魏岑鲍姆教授开发了 Eliza 聊天机器人,计算机与人实现文本交流
1965 年	专家系统首次亮相	美国科学家爱德华·费根鲍姆等研制出化学分析专家系统 DENDRAL,用来判断未知化合物的分子结构
1968 年	首台人工智能机器人诞生	美国斯坦福研究所研发的机器人 Shakey,可以感知人的指令,发现并抓取积木,拥有类人的触觉、听觉
1970 年	能够理解语言的系统诞生	美国斯坦福大学教授维诺格拉德开发的人机对话系统 SHRDLU,能够正确理解语言,被视为人工智能研究的一次巨大成功
1976 年	专家系统广泛使用	美国斯坦福大学肖特里夫等发布的专家系统 MYCIN,用于诊断传染性血液病。同时期还有用于生产制造、财务会计、金融等领域的专家系统
1980 年	专家系统商业化	美国卡耐基·梅隆大学为数字设备公司研制出 XCON 专家系统
1981 年	第五代计算机项目研发	日本率先拨款支持,制造能够与人对话、翻译语言、解释图像,像人一样推理的机器。随后,英美等国也开始为 AI 领域的研究投入大量资金
1984 年	大百科全书项目启动	大百科全书(CYC)的目标是让人工智能应用能够以类似人类推理的方式工作,成为人工智能的全新研发方向
1997 年	"深蓝"战胜国际象棋世界冠军	IBM 公司的大型计算机"深蓝"(DeepBlue)战胜国际象棋世界冠军卡斯帕罗夫,其运算速度为每秒 2 亿步棋,并存有 70 万份大师对战的棋局数据,可搜寻并估计随后的 12 步棋
2006 年	深度学习兴起	加拿大杰弗里·辛顿教授提出了深度学习,极大地发展了人工神经网络算法,提高了机器自学习的能力
2011 年	"沃森"参加智力问答节目	IBM 开发的超级计算机"沃森"(Watson)参加了智力问答节目,并战胜了两位人类冠军。Watson 已被 IBM 应用于医疗诊断领域
2016~2017 年	"阿法狗"战胜围棋冠军	"阿法狗"(AlphaGo)是由 Google DeepMind 开发的人工智能围棋程序,具有自我学习能力。DeepMind 已进军医疗保健等领域
2017 年	深度学习发展空前	AlphaGo Zero(第四代 AlphaGo)在无任何数据输入的情况下,开始自学围棋,3 天后便以 100:0 横扫了第二版本的"旧狗"
2018 年	人工智能程序击败 DOTA2 人类顶级选手	OpenAI 在全球 10 万+观众的直播见证下,战胜了 DOTA2 Top 0.5%的玩家
2019 年	Alpha Star 在星际争霸中达到人类顶级选手水平	Google DeepMind 开发的 Alpha Star 利用自我学习智能体的开放式学习系统,在"星际争霸 II"游戏中达到宗师级水平,战网积分超过 99.8%的玩家

1.2.3 现状

当前,人工智能已不再满足于仅仅模拟人的行为,而在向"泛智能"应用扩展,即更好地解决问题、有创意地解决问题和解决更复杂的问题。信息爆炸时代,这些问题既包含人面临的海量信息处理,也包含企业面临的经营成本持续增高、消费者行为模式转变、线上商业模式深入发展等问题,同时还包含政府和社会亟须解决的环境治理、资源优化和安全稳定等挑战。

随着人工智能的发展,"模拟人"不再是唯一出路,但是人依然是实现人工智能必不可少的核心要素。在人工智能研究和实现的过程中,人既是主导方,是问题解决方案的设计者;也是参与方,是数据的提供者和使用者;还是受益方,是人工智能服务的用户。

信息化与智能化的区别在于,信息化是机器运算能力超越人类,而智能化是机器逻辑判断能力超越人类。AlphaGo 战胜世界顶级围棋棋手李世石,是人工智能领域的又一里程碑事件,体现了机器在某方面的智能已经超越了人类。

DARPA 正基于人工智能技术研发自动驾驶战车、反潜无人机械船、智能电子战系统、"半人马"人类作战行动辅助系统[4]。2018 年 5 月,美国国防部提议建立联合人工智能中心(JAIC),促进大数据和人工智能各项技术在指挥决策中的应用。同时,美国的谷歌、微软、苹果、亚马逊、脸书和英特尔等科技巨头公司都将人工智能技术的研究视为决定其未来发展的重要战略部署。

我国在推动人工智能发展方面反应迅速,并且有望通过智能革命来引领未来发展。百度、腾讯、阿里、京东、美团、滴滴出行等互联网企业在搜索、社交、制造、零售、交通等多个领域持续推进"人工智能+",将发展人工智能作为未来业务发展的新引擎。科大讯飞、旷视科技、商汤科技等人工智能垂直企业在智能语音、机器翻译、人脸识别、智能图像识别等领域不断突破,广泛应用在互联网、电信、金融、电力、安防等行业。大疆无人机、京东无人车、新松智能机器人等智能设备的发展,推动了人工智能产业和传统产业的加速融合。

然而,与世界发达国家(特别是美国)相比,我国的人工智能整体发展水平依然较低,基础理论和技术的重大原创成果不足。影响人工智能发展的高端芯片、运算能力、核心算法、可用数据与接口等方面的硬件和技术对外依赖和需求较高。支撑人工智能综合应用的机器人核心科技,如减速器、伺服电机和控制器等零部件,也几乎被国外企业垄断。这些问题是我国实现人工智能突破性发展不可忽视的短板。

1.2.4 战略

在这个不进则退的信息智能时代,人工智能技术不断突破人类早期的想象,科技与产品的智能化创新井喷式涌现,世界各国都在大力发展人工智能。近年来,随着人工智能理论研究和关键技术的不断突破,其在各个领域都开始发挥巨大威力,智能化已经成为工业发展、社会进步的新动力。世界主要国家纷纷开始对人工智能进行系统性布局,推出相关国家战略,将人工智能作为提升国家核心竞争力的重要手段,从而抢占全球战略制高点。

2016 年,美国接连发布了《国家人工智能研究和发展战略计划》和《人工智能、自动化与经济》两份报告,将人工智能战略规划称为美国新的"阿波罗登月计划",是全球首个国家层面的人工智能战略。2018 年 1 月,美国国防部发布新版《国防战略》报告,并公开其摘要《2018 年国防战略摘要——加强美军的竞争优势》,将先进计算、人工智能、大数据分析、高超声速和生物技术等新技术的发展确定为"确保美国打赢未来战争的关键技术"。2018 年 3 月和 11 月,美国智库战略与国际研究中心(CSIS)先后发布了《美国机器智能国家战略报告》和《人工智能与国家安全,AI 生态系统的重要性》,介绍人工智能领域发展现状,提出了美国在战略制定方面的策略和建议。2018 年 7 月,美国新安全中心(CNAS)发布《人工智能与国际安全》报告,分析了人工智能在网络信息安全、经济金融、国土安全等方面的应用,研究了人工智能对全球安全的不利影响。2019 年 1 月,美国国会更新发布《AI 与国家安全》报告,对人工智能目前在国防军事领域的应用情况进行介绍,分析人工智能的机遇和挑战以及对未来作战的潜在影响。2019 年 2 月 11 日,美国发布名为"维护美国人工智能领导地位"的行政命令,正式启动美国人工智能计划。1 天后,美国国防部公布《2018 年国防部人工智能战略摘要——利用人工智能促进安全与繁荣》,分析了国防部在人工智能领域面临的战略形势,阐明了国防部加快采用人工智能能力的途径和方法。2019 年 6 月,美国发布了《国家人工智能研究与发展战略规划》更新版,将原七大战略更新为八大战略优先投资研发事项,以期助力美国继续引领世界人工智能的进步。

2016~2019 年,英国、法国、德国、日本、俄罗斯、印度等国都先后发布了国家层面的人工智能战略,加大人工智能专业人才培养力度和相关技术研究的资金投入。随着其他国家在这一领域的日益强大,美国正在逐步丧失其在人工智能领域不可动摇的霸主地位和绝对话语权。

我国政府一直十分重视人工智能发展的战略规划。作为全球第二大经济体,在各国陆续制定人工智能发展战略的时候,中国也宣告了引领全球人工智能理论、技术和应用的战略。2017 年 7 月,国务院颁布《新一代人工智能发展规划》,在所有国家已发布的人工智能战略中,这是最为全面的规划,包含了研发、工业化、人才发展、教育和职业培训、标准制定和法规、道德规范与安全等,提出新一代人工智能发展分三步走的战略目标。2018 年 11 月 8 日,工信部发布

《新一代人工智能产业创新重点任务揭榜工作方案》,选拔人工智能主要细分领域领头羊、先锋队,树立标杆企业,培育创新发展的主力军,加快我国人工智能产业与实体经济深度融合。2019 年 3 月 19 日,中央全面深化改革委员会审议通过了《关于促进人工智能和实体经济深度融合的指导意见》,该文件提出要把握新一代人工智能发展的特色,结合不同行业、不同区域特点,探索创新成果应用转化的路径和方法,构建数据驱动、人机协同、跨界融合的智能经济形态。

人工智能及其在多领域的应用,将会颠覆几乎所有行业传统发展的路径,不断催生新的业态和新的商业模式,形成新的经济和社会发展空间,同时也为提升我国国家竞争优势,实施弯道超车战略带来新的机遇。

1.3　人工智能的理解

1.3.1　人工智能的内涵与外延

人工智能作为一门前沿学科,其概念和定义一直没有统一的结论。综合现有的多家观点,笔者认为,人工智能是指数字计算机或其控制的软件、机器或系统对人类智能的模拟、延伸和扩展,用于感知环境信息,提炼、获取知识,并利用知识进行推理、决策,主动或辅助执行任务,以期获得最佳效果的理论、方法、技术及应用系统。

人工智能的本质是对人类思维的信息过程的模拟,是人的智能的数字化。目前来看,人工智能虽然能够模拟人脑的某些活动,甚至在某些方面超过人脑的功能,但人工智能很难超越人类智能,并取代人的意识。因此,人工智能的终极目标,是创造出与人类智能相当的,具有独立思考能力或者能独立处理事件的智能机器或系统。

人工智能涉及哲学、计算机科学、心理学、语言学、认知科学和神经学等学科,其范围已远远超出了计算机科学的范畴。根据人工智能能否真正实现思考和解决问题,可以将人工智能分为弱人工智能和强人工智能。

弱人工智能是指不能真正实现推理和解决问题的智能机器,这些机器看起来像是智能的,但是并不真正拥有智能,也不会有自主意识。目前的人工智能系统只是实现特定功能的专用智能,并不能像人类智能那样适应复杂的新环境并不断创造出新的功能,因此都属于弱人工智能。学术界和产业界的主流研究仍然聚焦于弱人工智能,已在机器学习、机器感知、人机交互等方面取得了显著进步,并在语音识别、视觉处理、机器翻译等应用领域取得了重大突破,甚至可以接近或超越人类水平。

强人工智能是指真正能推理和解决问题的智能机器,这样的机器被认为是有知觉和自我意识的,也称为通用人工智能,可分为类人(机器的思考和推理与人的思维一样)与非类人(机器产生了与人完全不一样的知觉和意识,使用和人完全不一样的推理方式)两大类。强人工智能不仅在哲学层面存在诸多争议,在技术研究上也面临不可逾越的挑战。强人工智能研究目前处于停滞不前的状态,众多专家认为其至少在未来几十年内难以实现。

人工智能的目的是促使智能机器会听(语音识别等)、会看(图像理解、人脸识别等)、会说(语音合成、人机交互等)、会思考(定理证明、博弈等)、会学习(专家系统、自动程序设计等)、会行动(机器人、智能控制、自动规划等)。因此,人工智能的核心技术主要包括环境感知(听、看)、机器学习(学习、思考)、人机交互(听、看、说)、机器人(行动)等。

目前的人工智能还是处于研究专用智能的阶段,如何实现从专用智能向通用智能和自主智能的跨越式发展,既是未来人工智能发展的必然趋势,也是研究与应用领域的重大挑战。同时,借鉴脑科学和认知科学的研究成果,向人机混合智能发展,也是人工智能的一个重要研究方向。

1.3.2　感知与模式识别

模式识别是机器学习的一个分支,其研究重点集中在对数据中的模式和规律的识别。在许多情况下,模式识别是根据标记的数据进行训练(有监督学习),但是当没有标记数据可用时,可以使用其他算法来发现以前未知的模式(无监督学习)。

在实际研究过程中,模式识别、机器学习、数据挖掘很难分离,因为三者在范围上基本上是重叠的。机器学习是有监督学习方法的通用术语,起源于人工智能;而数据挖掘更侧重于无监督的方法并与业务背景结合。模式识别起源于工程领域,在计算机视觉中得到广泛应用。模式识别更加注重模式的形式化、解释和可视化,而机器学习传统上关注的是最大限度地提高识别率。目前,人工智能、工程学和统计学相互交融,使得模式识别与其他方法变得越来越相似。

模式识别理论主要方法包括统计模式识别、句法模式识别、人工神经元网络模式识别和其他现代模式识别方法等。学术界于 20 世纪 30 年代提出统计分类,奠定统计模式识别理论基础;50 年代提出形式语言模型,奠定句法模式识别理论基础;60 年代提出模糊集理论,模糊模式识别方法有一定规模应用;60~70 年代统计模式识别快速发展,并遇到"维数灾难"问题;70~80 年代句法模式识别快速发展;80 年代提出神经元网络反馈模型,基于神经元网络的模式识别方法得到广泛应用;90 年代提出小样本学习、支持向量机(SVM)等机器学习方法,推动了模式识别方法更广泛的应用。

当前是信息化、网络化、智能化的世纪,作为人工智能基础技术的模式识别,在基础平台设施与其他相关技术的双重加持下,必将获得巨大的发展空间。

1.3.3 自然语言处理

自然语言处理是人工智能研究的领域之一,目的是使计算机能够分析和理解人类语言,研究内容是构建生成和理解自然语言的软件,使得用户可以与计算机进行自然对话,而不是通过编程语言进行对话。

自然语言处理将人工智能与计算语言学和计算机科学相结合,以处理人类自然语言和语音。自然语言处理第一项任务称为语音到文本过程,即计算机理解接收到的自然语言。计算机使用内置的统计模型来执行语音识别过程,将自然语音转换为自然语言。语音识别通过将接收的语音分解成微小的单位,然后将这些单位与学习过的讲话单位进行比较。文本格式的输出结果是通过统计模型决定的最有可能与语音匹配的单词和句子。

自然语言处理的第二项任务称为词性标注或词类消歧。这一过程初步将语法形式中的词识别为名词、动词、形容词、过去式等。经过这两个过程之后,计算机可能可以初步理解语句的意义。

自然语言处理的第三项任务是计算机处理结果到语音的转换。在此阶段,计算机对人类语言的反馈处理结果被转换为音频或文本格式。例如,一个金融新闻聊天机器人被问到"谷歌今天的股价如何"时,通过自然语言处理系统识别问题语句后,在反馈中很可能扫描在线金融网站的谷歌股票,并可能选择价格和数量等信息,组织语句后转换为语音或文本进行回答。

自然语言处理试图让人类相信自己正在与另一个人互动,从而使计算机变得智能化。阿兰·图灵提出的"图灵测试"就是对这一愿望的判断标准之一,但目前并没有一台计算机能完全达到智能化要求。这并不是说智能机器是不可能建造的,但确实说明了让计算机像人类一样思考或转换的内在困难。由于文字在不同的语境中有不同的语义,而且计算机没有人类在语言中传递和描述实体的真实生活经验,因此可能需要足够的时间才能完全实现计算机自主智能化。

早期的自然语言处理系统都是通过手工编码来设计,例如通过编写语法或设计启发式规则,但这对于自然语言的变化缺乏鲁棒性①。而机器学习可以使用统计推断通过对大型系统的分析,自动学习这样的规则。一些最早使用的算法,如决策树系统,利用"如果——那么"(if - then)硬性规则来处理自然语言。随后,越来越多的研究集中于使统计模型变得"柔软",主要利用概率为计算机处理的每个输出结果赋予一定的权重。这种模型的优点是,可以表达许多不同的可能答案的相对确定性,而不仅仅是提供一个答案。当将这种模型作为一个较大系统的组成部分时,会产生更可靠的结果。

与手工生成的规则相比,基于机器学习的自动学习系统在学习过程中自动地处理最常见的情况,而手工生成规则时,通常根本不清楚应该重点处理哪方面工作,只能人工指派。自动学习过程可以利用统计推理算法产生不熟悉的输入和错误输入的鲁棒性模型。而用手工规则来准确地处理这类输入,或者创建出软决策的规则系统是极其困难的。

因此,产生了基于自动学习规则的系统,只要提供更多的输入数据,就可以使规则更加精确。但一方面,只有通过增加规则的复杂性才能使基于手工规则的系统更加精确;另一方面,手工规则系统的复杂性上限是有限的,规则超过一定数量会导致系统难以管理。而对于机器学习系统,在创建更多的数据输入时只需要相应增加工时,通常不会显著增加注释过程的复杂性。

1.3.4　知识工程

1977 年,在第五届国际人工智能联合会议上美国斯坦福大学计算机系教授费哥巴姆(Feigenbaum)提出"知识工程"的概念,并提出知识工程是应用人工智能理论,对需要专家知识才能解决的应用难题提供求解方法的技术[5]。构建与描述专家知识的获取、表达和推理过程,是知识工程的重要技术问题。

知识工程的发展主要经历三个阶段:第一阶段(1965~1974 年),为实验性系统时期。1965 年,费哥巴姆等研制出 DENDRAL 专家系统,用来推断化学分子结构,解决问题的能力达到专家水平。DENDRAL 标志着专家系统的诞生。第二阶段(1975~1980 年),为 MYCIN 系统时期。MYCIN 专家系统研制成功,用于医学诊断治疗感染性疾病。MYCIN 是规范性计算机专家系统的代表,是许多专家系统的研制基础。MYCIN 使用了知识库和不确定推理技术,具有较高的性能,能够解释和获取知识,用语言文字回答用户提出的问题,还可以在专家干预下学习医疗知识。

---

① 鲁棒性(robustness)是指控制系统在一定(结构、大小)的参数摄动下,维持某些性能的特性。在计算机领域,鲁棒性是指该系统或算法能够适应数据中的噪声或不同的应用环境。这里的鲁棒性指系统或算法对于各种复杂输入及变化的环境均具有较好的抗变换性和一致性。

第三阶段(1980 年至今),为知识工程"产品"在产业界逐步应用的时期。

人工智能的研究历程表明,专家能够指导任务和解决复杂问题,主要是由于专家拥有大量的专业领域知识,尤其是长期从领域实践中积累的经验、技能和知识。从知识工程的发展历程来看,知识工程的发展一直离不开"专家系统"的研究。知识工程主要包括知识获取、知识表示和推理方法等研究内容,其目标是获取并描述人类知识,能被计算机可理解、可操作,使计算机具有人类的一定智能。

1.3.5　智能系统与机器人

智能系统通常具有计算、推理、感知和类比能力,能从经验中学习,从记忆中存储和检索信息,解决问题,理解复杂的思想,流利地使用自然语言,举一反三并概括和适应新情况。

美国发展心理学家霍华德·加德纳(Howard Gardner)认为,智力有多种形式。因此智能系统也可以分为几类,如表 1-2 所示。当一个系统具备了以下其中一个或几个能力,可称该系统为智能系统。

表 1-2　智能系统分类

智能类型	能　力　描　述	示　　例
语言智能系统	说话、识别和使用语言句法和语义机制的能力	智能演说系统、智能翻译系统
音乐智能系统	创造、交流和理解由声音构成的意义、理解音高和节奏的能力	智能作曲系统
逻辑数学智能系统	在没有行动或对象的情况下使用和理解关系,理解复杂而抽象的思想的能力	智能推理系统
空间智能系统	能够感知视觉或空间信息,在不引用对象的情况下重新创建视觉图像,构造三维图像,并可以移动和旋转的能力	智能感知系统、三维重建系统
身体运动智能	使用身体的整体或部分来解决问题,控制精细和粗糙的运动技能,以及操纵物体的能力	跳舞机器人、投篮机器人
个人内部智能	辨别自己的感情、意图和动机的能力	自我情感知机器
人际智能	识别和区分他人的感情、信仰和意图的能力	智能面试官

显然,机器人就是具备多个智能属性并能够像人一样行动的类人复合智能系统。但目前的机器人只能在某些单独能力上达到类人的效果,例如,随着仿生皮肤材料的生成,机器人的皮肤可像人类一样有弹性。同时,科学家通过给机器人的眼睛里安装摄像装备,胸部安装 3D 传感器,使机器人能看到和感知到周围事物。机器人"大脑"中安装处理器可以让机器人快速识别人类表情和语言,同时合成语音以及控制动作。

可以预见,在不久的将来,机器人会越来越像人,甚至人类很难区分人与机器人。

1.4　问题与挑战

强大的新技术可以产生巨大的效益,但它们往往会遇到许多问题,甚至产生巨大的危害。人工智能已经引起人们的一系列重大关切,包括隐私、透明、安全、偏见、篡改、经济萎缩等问题和挑战。

1.4.1　未来问题

(1) 隐私

人工智能系统对数据有着巨大的需求,物联网将产生大量的数据。在一个智能化的环境中,每个人的过去和现在的位置都很容易确定,以及他们见过谁,甚至是他们讨论的内容。许多人担心这些信息被各种组织使用和误用,这是可以理解的,包括政府、企业和有心计的个人。正如一群活动人士所说的那样,网络正包围着我们,我们对越来越不透明的组织越来越透明。

有些人希望可以用"反监视"来报复这种"贴身监测"。由于摄像头(包括无人机等)无处不在,当权者的行为受到限制,因为他们知道自己的行为是会被公众观察和记录的。这种情况已经在执法部门上演,如美国的警察因渎职而受到起诉,而这在以前是可以免受监督的。因此,许多国家要求警察在任何时候都要戴上摄像头,以防出现虚假指控。随着无人机摄像头的普及,普通民众监督的范围持续扩大,可能达到一种"共同监督"的平衡。

当被迫在隐私和分享机会之间做出选择时,人们通常选择分享。无论走到哪里,都会留下一串数字面包屑,无论是在现实世界还是在网上,只不过大多数人并不注意。在某种程度上,这是因为许多人觉得自己没什么可担心的,因为没有什么可隐瞒的。但在搜索引擎中输入一个特定的词之前,人们可能会三思而后行,或者在和一个明显反主流文化的人交朋友之前犹豫不决。最近的研究表明,当人意识到自己可能被监视时,即使知道自己在说什么或写什么都不违法时,也会自我审查。

除了在个人数据方面养成了粗心的习惯之外,人们不停地敲击键盘投票,以交出更多的选票。越来越多的人认为,隐私是不能被保留的,或者更确切地说,是不能被恢复的。科技通常是一把双刃剑,制造致命病原体、部署恐怖的微型杀人无人机以及释放破坏性数字病毒等的门槛正变得越来越低。当一个可以令一百万人死亡的物品能够出现在一个问题少年的预算之中时,隐私又有多少价值呢? 也许人们别无选择,只能放弃自己的隐私,而不是保守秘密,人们的权利是知道自己的秘密被用来做什么。这些都是复杂的问题,随着新的可能性和威胁的出现,这些问题将被反复讨论。

谷歌和微软的研究人员正在试验一种有前途的方法,在共享数据的同时保护隐私。谷歌与康奈尔大学合作,试图让一些组织(如医院)在各自独立的数据文件上训练深度学习算法,然后分享训练数据的输出。微软正在使用一种称为同态加密的技术对加密的数据进行分析。它可以不需要分析人员对敏感数据先解密、处理后再加密,而是直接对密文进行分析处理,从而获得加密的结果。

(2)透明

人工智能系统,尤其是使用深度学习的系统,通常被描述为"黑匣子"系统。它们产生了有效和有益的结果,但使用者不知道它们是如何得出答案的。当人们要对自己的生活做出重要决定时,这就是个问题。比如,当你问系统为什么你的贷款申请被拒绝,或者问为什么你的提前出狱申请被拒绝时,系统仅仅说"不"是无法接受的回答。

很明显,在金融和军事这两个领域这一问题尤为突出。为了使深度学习系统更透明,解释深度学习的工作正在进行中。如果成功了,一个由人工智能做出许多决定的世界将比今天所处的世界更加透明。现如今,大多数组织机构往往不愿或无法告诉人们为什么要做出某些决定。人类自己在做决定时,经常没有能力或者不愿意解释其真正的动机。

(3)安全

网络犯罪可能是全球增长最快的犯罪类型,罪犯及某些组织利用人们传播的海量数据,来窃取信息并操纵事件或人。网络犯罪的大部分未被发现,而被发现的大部分也都未被解决。

对黑客行为的另一个日益关注的问题是蓄意破坏。随着物联网的建立,越来越多的车辆、建筑物和电器依赖于人工智能,如果控制系统被黑客入侵,可能造成的问题就会越来越严重。黑客有可能控制一个城市的每一辆自动驾驶汽车,并让它们在同一时刻向左转弯等,这种可能性令人恐惧。

程序员说没有100%安全的东西:IT系统是由人设计的,而人类是容易犯错的。系统也越来越不透明,越来越难以调试。乐观主义者会说,尽管复杂的、防御良好的系统经常受到攻击,但很少被黑客成功攻击。还没有黑客控制发射过核导弹,当然这并不意味着永远不会发生。人类必须为避免灾难而付出的代价是保持永远的警惕,但目前并没有这样做。许多人在保护自己的互联网密码方面都很松懈,许多公司的安全配置也远远达不到最佳实践要求。

1.4.2　面临挑战

（1）偏见

人们倾向于认为机器冷酷无情,精于算计,不带感情色彩。但机器实际上也存有偏见,不是因为机器有什么内在信仰,而是因为机器从人的身上继承了偏见。机器从人所给单词的句子中学习单词的含义和联系,偏见在人类的思想和语言中根深蒂固。机器建立了语言的数学表示,在这个过程中,意义基于与其最常关联的其他词语,被数字或向量所代替。有时这是无伤大雅的,比如把花和积极的感觉联系在一起,把昆虫和消极的感觉联系在一起。但当把"男"与"教授"联系起来,把"女"与"助理教授"联系起来时,就会产生不必要的影响。

这里有一个带有偏见机器的极端例子。2016 年 3 月,微软在推特上发布了名为 Tay 的聊天机器人。在 24 小时内,淘气的人类(也许在某些情况下是邪恶的)将 Tay 变成了一个咄咄逼人的种族主义者,也导致微软最后关闭了 Tay。

人类在无意中使机器受到现有偏见的影响,但这并不一定会让世界变得更糟。因为在许多情况下,机器只是在延续已经存在的问题,至少不会试图掩盖或事后合理化其偏见。如果能观察到这些偏见,就能解决它,通过解决机器中的偏差,也许就能解决人类自己的偏差。

（2）篡改

人工智能正在扩展合成媒体(文本和音视频)的生产能力,并使得个人更容易创作出篡改的内容。比如,臭名昭著的 Deepfake 技术,即使用生成对抗性网络等机器学习技术将现有图像和视频组合并叠加到源图像或视频上,主要示例是将知名演员的头像替换成不健康图像或视频中人物的头像,篡改出该演员"拍摄"的不健康假图像或视频。这会导致许多令人关切的影响,造成日益严重的人身安全威胁。随着公众越来越多地意识到人工智能的能力和潜在威胁,这个主题已在 2019 年爆发。自从公开以来,Deepfake 技术的相关进展得到了越来越多的关注和报道。甚至还有一个案例,曾有诈骗犯利用人工智能来模仿 CEO 的声音,要求进行 22 万欧元的欺诈性交易。

自从 Deepfake 技术公开以来,一些主要的科技公司已经开始明确地投入资源以解决这个问题。大众希望看到各利益相关方之间更多的合作,以设计出合适的解决方案来应对人工智能合成媒体带来的挑战。联合国也在致力解决这些问题，联合国区域间犯罪和司法研究所通过其人工智能和机器人中心以及海牙市的数据科学计划，于2019年主办了一场关于 Deepfake 和合成视频的黑客马拉松与研讨会，此类活动将会逐渐增加。但视频篡改的问题不仅需要从技术的角度解决，还需要从道德的角度解决人类自身的问题。

（3）经济萎缩

这里有一个通俗的经济学道理，如果没有人赚钱，那么所有人都不能购买商品，甚至所有商品也根本卖不出去，最终经济陷入停滞，每个人都要挨饿。

当然，生活永远不会像棋局那样黑白分明。经济也不会在一夜之间从运行完好到彻底崩溃。即使是灾难性的下滑也不会像从悬崖上跌落那样突然。它更像是从斜坡滚落，并在撞到岩石时出现停顿。但很显然，严重的经济萎缩是相当严酷的，如果可能的话应当尽量避免。

同样的道理，如果人工智能造成越来越多的人失业，那么在其他条件不变的情况下，人们的购买力较之以前将会下降，而商品的产量还在——仅仅是生产者由人换成了机器。随着需求下降而供应保持稳定，价格将下跌。起初，价格下跌对公司及其所有者来说可能不是太大的问题，因为机器的效率比被其取代的工人更高，并且随着它们以指数级的速度改进，这种现象将越来越多。但随着越来越多的人失业，随之而来的需求下降损失将超过效率提高所带来的成本下降收益。经济萎缩几乎是不可避免的，而且可能严重到必须采取措施的地步。

但在政策制定者被迫采取措施解决经济萎缩问题之前，他们将面临一个更为严重的问题——该如何处理所有那些不再有收入来源的人？

1.5　人工智能关键技术

人工智能领域技术有多种分类。不失一般性，遵循"感知、表示、推理、决策、执行输出"的信息链过程，并结合综合应用和跨学科融合等因素，本书分别从机器学习、感知认知、人机交互、机器人和脑科学等方面讨论和展望人工智能关键技术的现在和未来。

1.5.1　机器学习

很多情况下，机器学习和人工智能两个术语被视作同义词，但两者其实本质上存在一定的差异。人工智能的目的是使机器能够模拟人类思维,并实现学习的能力。人工智能的研究不仅需要掌握机器学习方法,还需要掌握知识表示、推理方法,甚至需要研究抽象思维方法。与人工智能不同,机器学习主要侧重于软件系统,这些软件可以从过去的数据或者经验中学习。如果深入研究机器学习,会发现机器学习与数据挖掘和统计分析的关系实际上比人工智能更密切。

如果计算机程序可以使用以前的经验来提高执行任务的能力,那么可以说它已经会学习了。这与能够执行任务的程序非常不同,因为普通程序是程序员已经定义了执行任务所需的所有参数和步骤。例如,一个计算机程序可以玩某个游戏,这是因为程序员用内置的获胜策略编写了代码。然而,如果一个程序没有预先定义的策略,只有一套关于合法动作的规则,以及什么是成功的场景,那么它就需要通过反复玩游戏来学习,直到它能够获胜为止。这不仅适用于游戏,也适用于执行分类和预测的程序。分类是指机器可以从数据集中识别和分类事物的过程。预测(在统计中称为回归)指机器可以根据以前的值猜测(预测)某物或某时的值。例如,给定一套房子的特性,根据以前的房屋销售情况,预测它的价值是多少。

机器学习主要包括有监督学习、无监督学习和强化学习。

有监督学习就是用标签好的数据来训练机器。这意味着数据已经用正确的答案(结果)进行了标记。例如:这是字母 A 的图片;这是英国国旗,有三种颜色,其中一种是红色的;诸如此类。数据集越大,机器可以了解的主题就越多。在机器训练之后,给定其新的、以前未知的数据,机器就可以通过学习算法,利用过去的经验给出结果。

无监督学习使用没有任何标记的数据集来训练机器。学习算法从不被告知数据代表什么。例如,“这是一封信”,但没有给出关于这封信的其他信息;“以下是一个特定标志的特征”,但没有命名该标志。无监督学习就像让人听陌生的外语播客一样,没有字典,也没有老师解释听到了什么。如果只听一个小时播客,并不会有多大的用处,但如果听几百个小时,大脑就会开始形成一个关于语言运作的模型,并开始建立识别模式,期待某些声音。当然,如果能找到一本字典或一位老师,就会学得更快。无监督学习的关键是一旦对未标注的数据进行处理,只需一个标记数据就能使学习算法完全有效。处理了数千个字母图像后,处理一个字母 A 将立即标记整个处理后的数据。

强化学习类似于无监督的训练,因为训练数据是没有标签的,但是当被问到关于数据的问题时,结果会被评分。一个很好的例子就是玩游戏。如果机器赢了这场比赛,那么结果就会通过一系列的动作被传回来,以加强这些动作的有效性。需要强调的是,如果只玩一两场游戏的话,是没有多大用处的,但是如果机器玩成千上万甚至数百万场的游戏,那么强化的累积效应就会创造出一种获胜的策略。

目前,很多大公司(如 Google 和 Facebook)都在使用机器学习技术来帮助改进服务。比如,Facebook 网站利用机器学习技术,为用户上传的每个图片进行文字描述。

另一个有趣的例子是教机器写字,如图 1-2 所示。图中的笔迹样本是机器学习中的递归神经网络学习后写出的字体。为了训练这台机器,其创造者要求 221位不同的作家使用"智能白板",并抄写一些文字。在写作过程中,作家用笔的位置被红外传感器跟踪,这就产生了一组坐标轨迹,用于监督训练。这台机器可以写几种不同的字体,结果令人印象深刻。

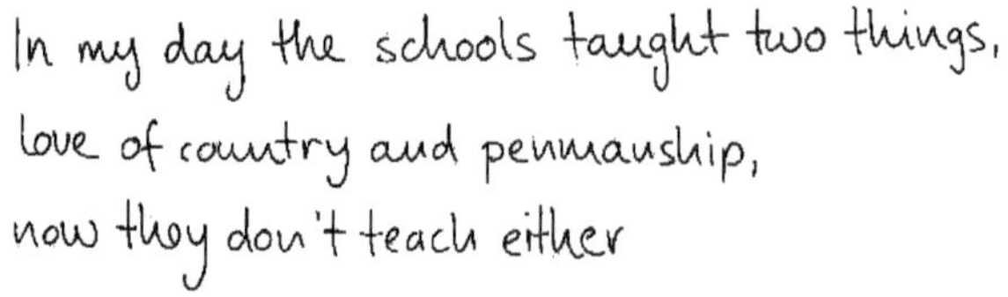

In my day the schools taught two things,
love of country and penmanship,
now they don't teach either

图 1-2　机器自动自学写字后的书写结果

Google 发表了一篇关于使用神经网络模拟对话的学术论文。作为实验的一部分,研究人员使用电影字幕中的 6 200 万语句来训练机器。训练结果也十分有趣,对话时,这台机器会宣称它并不感到"被称作一个哲学家而感到羞耻!"当被问到讨论道德和伦理问题时,机器会说:"我是多么不愿意进行哲学辩论。"

此外,机器学习越来越依赖于用量化指标来描述复杂的社会现象,在关于机器学习的公平性和偏差的讨论中尤其如此。目前研究的重点是开发更多的定量修复来解决数据集不平衡和约束优化问题,而不是追求机器学习技术的公正和公平地应用。

与前两次人工智能的热潮相比,第三次人工智能浪潮更加贴近实际,图像识别、自然语言处理、语音识别、决策规划等已不再停留在理论研究上,逐渐在商业中起到越来越重要的支撑作用,其中起到最重要作用的就是机器学习。机器学习和人工智能是什么关系,机器学习技术本身的发展以及它们为何有效,未来机器学习技术如何发展,都是我们理解近年来机器学习技术和应用突破的关键。

1.5.2　感知认知

人类的智慧来自对模式的感知,这种感知通过视觉、声音、触觉、嗅觉、味觉等感知器官获得。许多动物和人类一样拥有相同的感知器官,但也有些动物能够拥有完全不同的感知器官。而感知就是通过感官看到、听到或意识到事物的能力。

在人类的众多感觉中,视觉和听觉是其中最重要的。正是通过这两个能力,人类收集了几乎所有驱动解决问题行为的知识。视觉和听觉所涉及的各种生理成分统称为视觉或听觉系统,是语言学、认知科学和神经科学研究的热点。

此外,感知不仅是对信号的被动接收,而且还受接收者的学习、记忆、期望和注意力的影响。一般情况下,感知可以分为两个过程:首先,通过感知器官处理感官输入,将这些低级信息转换为更高层次的信息;其次,与一个人的概念和期望、恢复性和选择性机制共同影响认知。

感知的过程从现实世界中的一个物体开始,该物体通常被称为远端刺激或远端物体。通过光、声音或其他物理过程,物体刺激身体的感官。感知器官将输入的能量转化为神经活动,这种原始的神经活动模式被称为近端刺激。神经信号被传送到大脑并被处理,由此产生的远侧刺激的精神再创造是感知。视觉的例子是一只鞋,鞋本身就是远端刺激物,当鞋子发出的光进入一个人的眼睛并刺激视网膜时,这种刺激就是近端刺激,而由人的大脑重建的鞋的图像是视觉感知的过程。听觉的例子是电话铃声,电话铃声是远端刺激,声音刺激一个人的听觉感受器是近端刺激,而大脑对此的解释是电话铃声的感知。

人工智能领域的感知,即机器感知,通常指模拟人类感知周围世界的方式。任何模拟人类感觉的技术,无论是视觉、听觉、味觉、触觉还是嗅觉,都可以被贴上机器感知与人工智能的标签。但机器感知和人类感知还是存在很大的差异,因此其处理手段也不同。在人体中,两只眼睛中的每一只都将自己的视觉数据传递给大脑,大脑将这两种数据流结合在一起,并处理成一个统一的整体。随着现代传感器的融合,基本过程变得更加简单。工程师在一个物理监视区域部署多个传感器,利用人工智能原理,融合和解释多个合并的数据流,其方式类似于人类视觉进入人脑的方式。机器感知的进步推动了手写识别、图像处理、文档分析等领域的进步。

此外,机器感知是机器人学习过程的第一阶段。如果智能机器人无法收集准确和信息丰富的数据,也就无法进化以应对环境的挑战。这既需要复杂的系统来解释输入,也需要有效的感官系统收集数据。为了学习和进化,机器人必须能够处理新的输入,这都要依赖于感官系统。然而,机器人概念化数据的能力还是相当原始的。机器感知仍旧是人工智能算法的研究重点,目前虽已取得了一些进步,但仍然难以复制人类大脑的感知机理。

人类发展的本质是更好地认识世界,借助人工智能的感知认知能力,人类可以更好地认识世界,同时让外部世界了解自己,从而更好地与外部世界进行交互,提升自己的生活质量。

1.5.3　人机交互

人机交互(human-computer interaction，HCI)，是指人与计算机系统之间使用某种对话语言,以一定的交互方式,为完成确定任务的人与计算机系统之间的信息交换过程。智能人机交互是在机器学习与感知认知等人工智能技术基础上,智能化达到的一种新阶段,包括了脑机接口、智能芯片、虚拟现实、增强现实等热点研究领域。

脑机接口是当前人工智能与神经工程领域的热门研究方向之一,在生物医学、神经康复和智能机器人等应用中极具潜力。目前,消费级脑机接口设备主要使用非侵入式技术,信号分辨率较高,但还存在高风险和高成本。而侵入式脑机接口,如果能解决排异反应及传输信息减损等问题,结合大脑神经元研究,将有助于实现思维意识的实时准确识别。

智能芯片指面向人工智能应用的芯片,主要分为专用于机器学习的加速芯片、类脑仿生芯片和通用智能芯片。从算法和适用场景固定的加速芯片向灵活性更高、适应性更强的通用智能芯片发展是芯片技术发展的未来趋势。人工智能急需一个"撒手锏"级别的 CPU 类通用智能芯片。

虚拟现实(virtual reality，VR)，指计算机模拟虚拟环境使人获得环境沉浸感。虚拟现实可以同时提供视觉、听觉、触觉感知等直接自然的实时交互手段,具有多感知性、存在感、自主性等特点,最受欢迎的是头戴式显示器等沉浸式虚拟现实系统。目前,虚拟现实还难以突破体验眩晕感、"沉浸体验"与"真实感"矛盾和屏幕刷新率低等瓶颈。

增强现实(augmented reality，AR)，是通过数字技术将现实与虚拟信息进行无缝对接的技术。增强现实由于其具有能够对真实环境进行增强显示输出的特性,在医疗研究与解剖训练、精密仪器制造和维修、军用飞机导航、工程设计和远程机器人控制等领域,比虚拟现实技术有更明显的优势。

此外,传统的研究人机系统的两个领域是人机交互和科技与社会,后者的根源主要是科学技术的政策、历史和哲学领域。目前,其他领域,如经济学、政治学、生物学和心理学,正在开始丰富对人机系统的理解。

尽管得益于人工智能技术,脑机接口、智能芯片、虚拟现实、增强现实等人机交互领域取得了极速发展,然而人机交互带给人类跨虚实体验的同时,人类需要思考"到底什么才叫真实",他们的边界在哪里?

1.5.4　机器人

机器人是依靠自身动力和控制能力来实现各种功能的智能机器。机器人是人工智能的载体,致力于创造智能和高效的机器,目的是通过感知、获取、移动、修改物体的物理属性、改变物体或产生效果来操纵物体,从而使人力从重复的功能中解放出来。

机器人既可以接受人类指挥,也可以运行既定程序,还可以依据人工智能的技术原则纲领行动,执行协助或取代人类工作的任务,例如制造业、建筑业、仓储业等。机器人和人工智能程序之间存在联系,但也有区别,如表1-3所示。

表1-3 人工智能程序与机器人的比较

人 工 智 能 程 序	机 器 人
通常在计算机程序世界里工作	在真实的物理世界中运作
程序的输入是以符号和规则表示的	机器人的输入是语音波形或图像形式的模拟信号
需要通过计算机来操作	需要带有传感器和执行器的特殊硬件

从应用场景看,机器人大致分为工业机器人、特种机器人和服务机器人。工业机器人是面向制造业等工业领域的多关节机械手或多自由度机器人。特种机器人是面向不同生产或服务行业的作业机器人,包括农业机器人、电力机器人、物流机器人、医用机器人、安防与救援机器人、军用机器人、市政工程机器人和其他行业机器人。服务机器人是面向个人和家庭,服务于人类的各种机器人,如清洗机器人、监护机器人、娱乐机器人等。在特种机器人中,军用机器人分支发展极快,有自成体系的趋势。

目前,机器人已发展到第三代,即智能机器人。智能机器人有多种传感器,融合多传感器信息后,能够自适应环境变化,具有感知能力与识别、判断及规划功能,还具有很强的学习能力和自治功能。智能机器人涉及多传感信息融合、导航和定位、路径规划、机器人视觉、人机接口等关键技术。目前智能机器人研究处于初级阶段,面临两个挑战:一是提高智能机器人的自主性,即增强智能机器人的独立性,改善机器人与人的交互界面;二是提高智能机器人的适应性,即适应环境变化的能力,加强机器人与环境之间的交互关系。

交互方面,机器人越来越多地与人类合作、与其他机器人合作。随着企业意识到人工智能和机器人系统如何从人工参与的循环中获益,合作机器人、人机交互、深度学习和云机器人等子领域研究不断增长且日益重叠,这一趋势得到了发展。麻省理工学院的HERMES(高效机器人机械和机电系统)项目就是一个例子,该项目利用人类本能的平衡反应来远程控制一个人形机器人。机器人与人类的交互,可以视作一种"互补性",即人工智能和机器人补充人类技能,以便让人类能够专注于自己最擅长的事情——敏捷、创造力、直觉、同情心和沟通。

在机器人材料和设计方面,高通量材料科学、材料建模、先进的加法和减法制造技术,使机器人制造成为可能,也为设计基于大量可选材料的各种形态结构的机器人提供了可能。如何将材料的发现和选择吸收到机器人设计中,是不断出现的问题。可以在基于机器学习的材料发现和基于机器学习的机器人设计之间架起桥梁,有学者提出"多级进化"的可行架构框架,即一种受自然启发的方法,结合材料发现、进化机器人和基于多样性的机器学习来设计机器人。这种架构能让机器人在具有挑战性的自然环境中自然而稳健地行动方面有所作为,这仍然是一个具有挑战性的未解决的研究问题。

此外,随着单体智能向群体智能发展,机器人领域也由单体机器人逐渐演化到无人集群。无人集群系统采用开放的网络化体系,通过信息共享、自主决策和协同控制,形成高级集群智能涌现现象和具备完成复杂作战任务的能力,具有高抗毁性、低成本、智能化和分布式等特点。集群智能与协同控制技术是实现无人集群系统分布式作战的关键技术。未来,随着强人工智能时代的到来,无论是单体机器人还是无人集群,会具备超强的学习、决策甚至情感能力,广泛应用于人类生产生活及军事作战等领域。

1.5.5 脑科学

狭义的脑科学,指神经科学,是研究神经系统的细胞状态及变化过程,及其在中枢功能控制系统内的整合作用的科学。广义的脑科学是研究脑的结构和功能的科学,包括认知神经科学等。

大脑是人体最大、最复杂的器官之一,由超过1 000亿个神经细胞组成,这些神经细胞在数以万亿计的突触连接中进行交流。大脑由许多共同工作的专门领域组成:皮层是大脑的最外层,思考和调节运动开始于大脑皮层;脑干位于脊髓和其他脑区下方,控制呼吸和睡眠等基本功能;基底核区是大脑中心的一簇结构,协调多个其他脑区之间的信息;小脑位于大脑的底部和后部,负责协调和平衡。大脑也被分成几个叶:额叶负责问题解决、判断和运动功能;顶叶负责感觉空间轨迹和身体位置;颞叶与记忆和听觉有关;枕叶包含大脑的视觉处理系统。

虽然人类对于大脑的认知已经取得了长足的进步,但总体来讲,对于大脑的理解还十分缺乏。

发达国家相继启动了各自有所侧重的脑科学计划。美国启动的"推进创新性神经技术脑研究计划",意在了解大脑记录、处理、应用、存储和检索信息的过程,2019年该计划已经进入第二阶段,即通过使用先进的通用信息数据库,将脑的结构和功能、微观和宏观的研究结果联系起来,绘制出健康、疾病状态下脑内部功能、结构、神经网络、细胞和分子的图谱。欧盟启动预期 10 年的"人类脑计划",侧重于通过超级计算机技术模拟脑功能来实现人工智能,目前处于"特殊拨款协议第二阶段",该阶段为期两年,时间为 2018 年 4 月至 2020 年 4 月。日本发布神经科学研究计划 Brain/MINDS,主要通过融合灵长类模式动物(狨猴)多种神经技术的研究,弥补仅利用啮齿类动物研究人类神经生理机制的缺陷,截至 2019 年,已取得了用于神经科学研究的狨猴实验模型、首创的基因修饰技术、综合的大规模狨猴脑结构和功能绘图、分子分类技术和用于数据整合的计算机平台等研究成果。

我国发布了中国"脑计划"(2016～2030 年),总体布局为"一体两翼",即以研究脑认知的神经原理、开发脑研究平台为"主体",以研发脑重大疾病诊治新手段和脑机智能新技术为"两翼",即脑科学与类脑智能。2018 年,北京脑科学与类脑研究中心与上海脑科学与类脑研究中心相继成立,标志着"中国脑计划"研究正式落地启动。同年,教育部批准成立了复旦大学脑科学前沿科学中心和浙江大学脑与脑机融合前沿科学中心。民间资本注入的脑科学研究院和其他国家、省、市脑科学实验室建设也如火如荼,我国脑科学研究的战场正在急速扩张。

在人工智能领域,与脑科学的交叉研究主要是脑机智能技术、类脑研究。未来的发展方向是脑机接口和脑机融合的新技术,脑活动的刺激、调控新方法,以及新一代人工神经网络、计算模型。尽管现在的深度神经网络效能很好,但与人脑相比距离还很远。如果能在类脑的新型模型和类似神经元的新硬件方面有实质性发展,与新一代计算机结合,可能生产出能耗更低、效率更高的计算机,获得更接近人类大脑的计算能力。

人工智能对脑科学发展起到了极大推动作用,然而目前来看,无论在理论研究上还是在现实应用上,巨大鸿沟依然存在。在脑科学取得真正突破之前,人工智能仍然难以突破"思维模拟"的属性束缚,如何从"思维模拟"跨向"思维本身",正是人类今后较长一段时期需要挑战的方向。

参 考 文 献

[1] N. 维纳. 控制论: 或关于在动物和机器中控制和通信的科学[M]. 郝季仁 译. 北京: 科学出版社,2009.

[2] Shannon C E. A mathematical theory of communication[J]. Bell System Technical Journal, 1948, 27(3): 379 - 423.

［3］卡尔·波普尔. 科学发现的逻辑［M］. 查汝强, 邱仁宗 译. 北京：科学出版社, 1986.

［4］田丰, 任海霞, Gerbert P, 等. 人工智能：未来制胜之道［J］. 机器人产业, 2017, (01)：76－87.

［5］Feigenbaum E A. The art of artificial intelligence：I. Themes and case studies of knowledge engineering［C］. Proceedings of the 5th International Joint Conference on Artificial Intelligence-Volume 2, 1977.

第2章 机器学习与人工智能

　　机器学习、深度学习和人工智能等相关概念不仅仅停留在学术论文的纸面上,诸多成功的落地应用已举世瞩目。AlphaGo围棋水平超越人类最强棋手、自动驾驶汽车从封闭试验场驶向开放道路、AlphaStar击败人类顶级游戏选手,这些都似乎预示着人工智能正跃跃欲试超越人类。乐观者认为,未来大多数工作将由机器人或人工智能助手来处理;悲观者认为,人工智能甚至无法完成人类能够完成的非常简单的任务。本章将阐释人工智能、机器学习和深度学习等方法概念及其技术发展,结合深度强化学习、迁移学习、生成式对抗网络等最新研究成果展望了机器学习的前沿,帮助读者全面深度理解人工智能的核心技术。

2.1　机器学习与深度学习

　　谈及人工智能,需要明确人工智能的内涵与外延,尤其是人工智能、机器学习和深度学习之间的关系,如图2-1所示。1956年,麦卡锡、明斯基以及信息论创始人香农等数十名数学家和计算机科学家相聚在达特茅斯,提出"人工智能"的概念,试图借助发明不久的计算机来构造复杂的、拥有与人类智慧同质特性的机器。随后人工智能在实验室中缓慢成长,时而诞生一些震惊世界的成果,时而在实际应用中折戟,并曾长时间沉寂,其发展过程多次起落。直到2012年以后,在互联网大力发展的背景下,大数据资源急剧膨胀、计算机算力不断提升、以深度学习为代表的机器学习新算法不断取得突破,人工智能在诸多领域的应用不断落地走向实用,在图像识别、语音识别、自然语言处理和博弈对抗等领域不断"攻城略地",刷新人类之前的技术成绩纪录。人工智能的内涵不限于机器学习和深度学习,尽管近年来人工智能的突破性进展几乎都依赖于机器学习技术,特别是深度学习技术的进步。在本书中对人工智能的内涵的阐述不仅限于本章介绍的机器学习和深度学习,还包括本书后续章节中的内容。

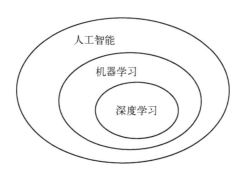

图 2-1　人工智能、机器学习与深度学习

2.1.1　机器学习

与传统的人工智能方法相比,机器学习通过大样本学习而非编程获得"类人智能",不需要完全依赖人类知识,适应环境变化能力也逐渐增强。机器学习之父亚瑟·塞缪尔(Arthur Samuel)在 1952 年给出了机器学习的定义:机器学习是一种不通过显式编程的方式赋予计算机学习能力的方法。机器学习产生于这样一个问题:一台计算机是否可以超越人类指定的规则约束,独立地学习如何执行指定的任务。比起程序员手工编写数据处理的规则,计算机可以通过观察数据自动学习这些规则[1]。

在传统编程方法中,人工智能的实现方法为:人类输入规则(程序)和数据,计算机根据这些规则进行处理,然后得出答案(图 2-2)。在机器学习方法中,通过机器学习,计算机根据输入数据和数据的标签,从数据和标签中学习得到规则。最终,这些规则可以应用于新数据中,并产生对应的输出。

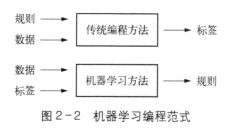

图 2-2　机器学习编程范式

　　机器学习系统获取智能的方式是从数据或环境中学习的,而不是直接将人类经验知识直接编程赋予的。它在给出的与任务相关的样例数据或与环境的交互中产生的数据示例的基础上,找到能够对数据和现象进行解释的统计结构,根据结构使系统能够在新的数据集合或环境中实现任务自动化的规则。例如,如果希望计算机自动完成标记图片的任务,可以使用一个机器学习系统,该系统中有许多已经被人类标记的图片,系统会学习统计规则,学习完成之后生成的模型能够将特定的图片关联到特定的标签上[2]。

　　虽然机器学习在长时间里沉寂,直到 20 世纪 90 年代才开始暴发,但它很快就成为各种人工智能技术中应用最为广泛和成功的子领域,这一趋势是由更快的硬件和更大的数据集驱动的。虽然机器学习方法与传统的数理统计方法有诸多相似之处,但在具体应用方面又有较大差别,相比而言,机器学习方法能够处理大型、复杂的数据集,甚至是非结构化的数据集,对于这些数据集,是无法使用贝叶斯分析等经典统计分析方法的。因此,机器学习,尤其是深度学习,更多时候是面向工程应用的,具有很强的实践性,在机器学习完成的任务中,经验比理论更能证明观点。

2.1.2　从数据中学习

　　前面的章节声明了机器学习从数据或环境中发现规则,从而能够执行数据处理任务的例子。要进一步了解深度学习,并理解深度学习在某些方面比其他机器学习方法好在哪里,首先要了解机器学习算法的实现。要进行机器学习,至少需要以下三步。

　　1)输入数据点。如果机器学习程序的任务是识别出人们所说的语音中的话,那么,这些数据点是对人的语音进行编码并存储的声音数据。如果任务是图像识别,那么数据点是对图片进行编码后的数据。

　　2)给出预期输出的示例。在一个语音识别任务中,这些可以是人工生成的声音文件的副本。在图像任务中,预期输出可以是诸如"dog"或"cat"等标记。

　　3)确定一种评价方法。为了确定算法当前输出和预期输出之间的距离,该评价方法被用来作为反馈信号调整算法的工作方式。这里的调整步骤就是学习的过程。

　　机器学习模型通过训练将输入给它的数据转换成具备一定物理含义的输出,这实际上是从已知的输入和输出样本数据中进行"学习"的过程。由此可见,不管是机器学习还是深度学习,其最关键的问题都是对数据集合进行变换,从某种程度上看,学习输入数据的有用特征,利用这些特征使得模型在新的数据集中的输出更接近预期。那么什么是特征?从本质上讲,它是一种看待数据的不同方式——对数据进行表示或编码。例如,对一幅图片进行编码,既可以编码为 RGB 格式,也可以编码为 CMYK 格式,还可以编码为 HSV 格式。不管如何编码,其形成的数据集

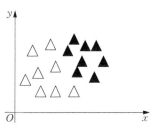

合都是相同数据的多个不同表示。有些任务在一种表示中可能比较困难,但在另一种表示中可能比较容易。例如,任务"在图像中选择所有红色像素"在 RGB 格式中更简单,而任务"减少图像的饱和度"在 HSV 格式中更简单。机器学习模型的目的是为数据的输入、数据转换找到合适的表示,使其更适合于当前的任务,例如分类任务。如图 2-3 所示,考虑 x 轴、y 轴和 (x, y) 系统中由它们的坐标表示的一些三角形。

图 2-3 样本分类示例

在该任务中有一些白色三角形和一些黑色三角形。假设要开发一种算法能够根据三角形的坐标 x 和 y 输出该三角形的颜色,此时:

1)输入是三角形所在位置的坐标;

2)期望输出是三角形的颜色;

3)衡量一种好算法的标准是正确分类三角形的数量占参与分类三角形总数的比例。

在这个问题中,需要构建数据的一种新的表示形式,它能够清晰地将白点和黑点分开。在许多可能的表示方式中,可以使用的一个转换方式是坐标转换,如图 2-4 所示。

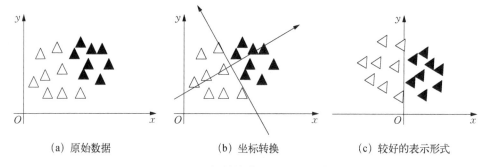

(a) 原始数据　　　　(b) 坐标转换　　　　(c) 较好的表示形式

图 2-4 坐标转换获取好的特征表示

在这个新的坐标系中,点的坐标可以被称为数据的一个新的表示形式。通过这种表示,黑白分类问题可以表示为一个简单的规则:比如"黑色三角形是横坐标 $x > 0$",或"白色三角形是横坐标是 $x < 0$"。这种新的数据特征转换方法非常直观高效地解决了这个分类问题。

在这种情况下,可以人工定义坐标变化。但如果算法尝试系统地搜索不同可能的坐标变化,并正确地将分类的分数作为反馈,那么这就是一个机器学习的过程。在机器学习的背景下,学习描述了一个自动搜索过程以获得更好的特征。

所有的机器学习算法都包括自动查找这样的转换,这些转换将数据转换为对给定任务更有用的表示。这些操作可以是坐标变化,或者线性投影(可能会破坏信息)转换,或者其他的一些非线性操作等。然而,机器学习算法在进行这些预设的转换时通常不具有自发的创造性,它们只是通过预定义的一组操作进行搜索。

从技术上讲,使用反馈信号的指导,在预定义的可能性空间内搜索,对输入数据的特征表示进行转换,是机器学习的一般过程。虽然这个思路很朴素,它仍然在机器学习发展的早期阶段解决了手写体识别、语音识别等非常广泛的任务。

2.1.3　深度学习

作为机器学习方法的一种,深度学习方法也是从数据中学习的一种新方法,其优势在于它能够学习连续的、越来越有意义的表示层。深度学习并不是指通过这种方法获得更深层次的理解。更确切地说,它代表了神经网络中"隐藏层"的概念。为数据模型贡献的层数称为模型的深度。与传统机器学习方法相比,现代深度学习方法的隐藏层数从数百到数千,参数甚至数以亿计,这些参数和隐藏层都是通过在数据集合中训练自动学会的。与此同时,机器学习的其他方法往往只侧重于学习数据表示的一个或两个层次。与传统的机器学习方法相比,深度学习通过足够深的隐藏层和参数规模,它能够自动地从原始输入中直接提取有效特征,经过处理自动获得高级特征[3](图 2-5)。

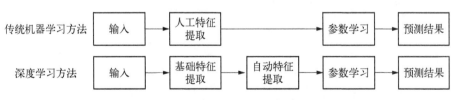

图 2-5　传统机器学习与深度学习流程对比

在深度学习中,这些分层表示是通过神经网络模型来学习的,这些模型以层层叠叠的层的方式构建。神经网络学习这个术语来源于神经生物学。尽管一些深度学习的核心概念是从人脑神经元的结构得到了一定的启发,然而深度神经网络模型并不是大脑的模型。没有证据表明大脑执行了任何类似现代深度学习模型中使用的学习机制。虽然有些文章宣称深度学习就像大脑一样工作,或者模仿大脑,但事实上它跟大脑结构差距较大。本质上,深度神经网络是一个从数据中学习数据表征的数学框架。为了更好地理解深度学习算法所学习到的表示,通过神经网络的几个隐藏层(图2-6)将一个图像转化成为一个字母。

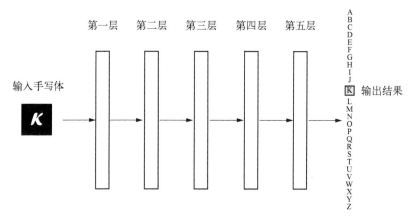

图2-6 一个用于字母识别的神经网络

神经网络将数字图像转换成越来越不同于原始图像的表示形式,并提供关于最终结果的越来越多的信息。在这里,可以把深度网络看作是一个多级的信息处理操作,在这个操作中,信息经过连续的过滤,并逐渐得到净化,从而对于某些任务是有用的。这个识别的过程就是深度学习。

从技术上讲,深度学习是学习数据表征的多阶段方法。这是一个简单的想法。但是,事实证明,简单的机制,足够的规模化,最终会达到意想不到的好的效果。

(1)深度学习的工作原理

机器学习是关于将输入映射到目标输出的方法,在这个输入到输出的转换中需要大量输入、输出的样本数据。深层神经网络通过简单的数据转换(层)的叠加形成深层序列,实现输入到目标数据的映射,这些数据转换是通过实例来学习的。现在来具体看看这种学习是如何发生的。

每一层对它的输入的处理方式存储在层的权值中,而权值实际上是一组数字。在技术术语中,可以认为数据转换是由各层权重参数化的(图2-7)方式实现的,权重有时也被称为层的参数。在这种情况下,深度学习意味着为网络中各层的权重找到一组合适的值,以便神经网络能够在给定输入的情况下,将其转换成相关联的目标。但难点在于:深层神经网络的参数量可能数以亿计,为所有参数找到满足需求的值显然是很难的,特别是考虑到修改一个参数的值将影响所有其他参数的输入和输出。

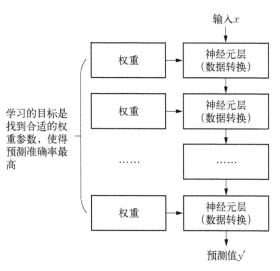

图 2-7　神经网络权重参数化

　　要想控制深度神经网络按照预期的方式工作,算法必须具备计算神经网络的输出和预期输出的差距的能力,即衡量这个输出与期望输出的差距。这个衡量指标是由损失函数完成的,损失函数也被称为目标函数。损失函数获取网络的输出和真实目标(算法希望网络输出的内容)的预测差值,并计算距离得分,获取网络在这个特定示例中的表现(图 2-8)。

　　深度学习的基本技巧是使用这个损失函数输出作为反馈信号,稍微调整权重的值,以降低当前示例的损失分数(图 2-9)。这种调整是优化器的工作,它实现了所谓的反向传播算法,也是深度学习的核心算法[4]。

　　在深度网络开始工作之前,网络的权重被赋予一组随机值,此时的神经网络仅仅是能够根据输入给出一个随机的输出。显然,它的输出远低于理想水平,因此损失函数的值也很高。但是对于网络训练过程中的每一个实例输入,权值都会在正确的方向上做一些调整,以降低损失函数的值。如此不断的迭代,直至产生满足损失函数最小化的参数值。此时,神经网络的参数(经过训练的网络)就能够使得输出与预定输出的差距足够小。

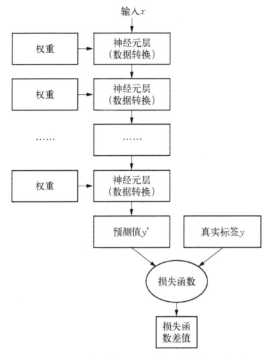

图2-8 损失函数用于评估网络输出的好坏

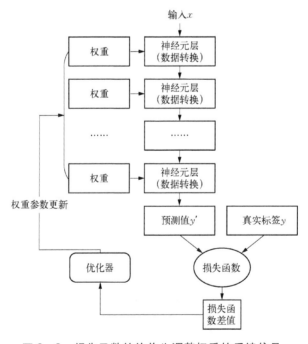

图2-9 损失函数的值作为调整权重的反馈信号

（2）深度学习进展

虽然深度学习是机器学习的一个传统分支领域,但它直到 2010 年初才开始崭露头角。之后,它在这一领域取得了巨大的进步,在视觉和听觉等感知问题上取得了显著的成果。这些问题涉及的一些能力,对人类来说似乎是自然和直观的,但对机器来说却一直是难以捉摸的。可喜的是,深度学习在以下问题上取得了传统人工智能难以实现的突破:

1）图像分类达到人类水平;

2）语音识别达到人类水平;

3）笔迹转录达到人类水平;

4）提升机器翻译的水平;

5）提升文本到语音的转换正确率;

6）即时资讯推荐,如谷歌的 Google Now 和亚马逊的 Alexa;

7）自动驾驶达到人类水平;

8）改进了百度、Google 和 Bing 使用的广告定位;

9）能够回答自然语言问题;

10）在各种棋类游戏中超出人类水平。

在此基础上,研究者们仍在拓展深度学习的应用领域。目前,很多机器视觉和自然语言理解之外的各种各样的问题都开始使用深度学习,比如形式推理。如果成功的话,这可能预示着一个新的时代。在这个时代,深度学习可以在自然科学、软件开发等领域对人类进行辅助,提升人类的工作效率。

2.2　机器学习的主要方法

深度学习已经获得了人工智能历史上前所未有的公众关注度和行业投资力度,但它并不能解决所有问题,特别是在没有足够的数据来进行深度学习时,需要使用其他方法来更好地解决问题。除深度学习之外,当今行业中广泛使用的机器学习方法还包括概率建模、浅层神经网络、核方法、决策树、深层神经网络等。本节将简要介绍典型的机器学习方法,并描述它们的发展脉络。这将使我们能够把深度学习放在机器学习的更广泛的背景下,更好地理解深度学习从何而来,以及它为什么重要[5]。

2.2.1 概率建模

概率建模是一种典型的基于统计的机器学习方法。它是最早被人们使用的机器学习方法,至今在很多领域仍被使用。在基于概率建模的机器学习方法中应用最为广泛的算法之一是朴素贝叶斯方法。

朴素贝叶斯方法的理论基础是贝叶斯定理和特征条件独立,在朴素贝叶斯方法中,其基本假设是输入数据中的属性(特征)都是独立的,根据数据求得各个属性的概率,然后概率值最大的那个属性就是算法的预测结果。事实上,这种形式的数据分析方法比计算机更早出现,其理论基础贝叶斯公式是 17 世纪由数学家贝叶斯提出的,在计算机出现之前就得以应用。其最典型的方法是逻辑回归。虽然逻辑回归带有"回归"这个词,但是它并不是回归算法,而是一个对数据进行分类的算法。在应用方面,逻辑回归算法由于其简单和多用途的特性,至今仍被广泛使用。

2.2.2 浅层神经网络

尽管神经网络的核心思想早在 20 世纪 50 年代就已进行了一些研究,但这种方法经过几十年的发展才得以真正应用。在很长一段时间里,人们缺少训练大型神经网络的有效方法。这种情况在 20 世纪 80 年代中期发生了改变,当时许多人独立地重新发现了反向传播算法—— 一种利用梯度下降优化来训练参数的方法,并开始将其应用于神经网络。

神经网络第一次成功的实际应用是在 1989 年,来自贝尔实验室的 Yann LeCun 将早期的卷积神经网络和反向传播的思想结合起来,并将其应用于对手写数字进行分类的问题。由此产生的网络被称为"LeNet"。在 20 世纪 90 年代,美国邮政服务公司的工作人员开发了这个网络,并基于这个网络来自动识别信件的邮编,大幅降低了人工识别的错误率。

2.2.3 核方法

核方法不是一个算法,它是一组模式识别方法,在这些方法中,使用最多、效果最好的是支持向量机(SVM)。SVM 的现代公式是由 Vladimir Vapnik 和 Corinna Cortes 于 20 世纪 90 年代初在贝尔实验室开发的,并于 1992 年发表。但在此之前,Vapnik 和 Alexey Chervonenkis 在 1963 年曾发表了一个更老的线性公式[6]。

SVM 旨在通过在属于两个不同类别的两组点之间找到好的决策边界来解决

分类问题。决策边界可以看作是一条线或曲面,将训练数据分隔成两个空间,对应于两个类别。要对新数据点进行分类,只需检查它们位于决策边界的一边[7]。

SVM 通过以下两个步骤找到这些边界。

1）数据映射：通过数据转换将数据映射到新的高维特征空间,在高维特征空间中,可以用 $N-1$ 维子空间(超平面)来表示决策边界(对于二维的数据集合,超平面是一条表示决策边界的曲线,如图 2-10 所示)。

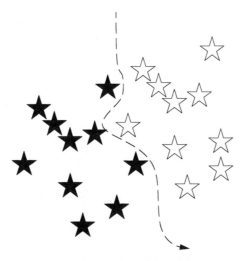

图 2-10　决策边界示例

2）最大化决策边界：一个好的决策边界(一个分离超平面)是通过试图找出与最近的数据点距离最大的超平面,这个步骤叫作最大化边界。这允许边界很好地概括到训练数据集之外的新样本。

将数据映射到高维表示使分类问题变得更简单,在理论上看是一个比较好的方法,但在实践中常常难以计算。这时候,核函数方法便有了用武之地。其要点是：要在新的特征空间中找到最恰当分离数据集合的超平面,只需要计算那个空间中的点与决策超平面对应的距离,这可以使用核函数有效完成。核函数方法能够便捷地将初始空间中的数据点映射到这些数据点在特征空间中的距离,这使得其在实现时非常方便。然而,这个映射函数通常是人工设计的,而不是从数据中学习的。

在核方法开始使用的时候,由于人们对简单分类问题很容易设计出合适的核函数,SVM 在简单的分类问题上表现出了非常优异的性能,是为数不多的具备广泛的理论支持的机器学习方法之一,并且具备严谨的数学分析基础,使它们易于理解和解释。由于这些独特的属性,SVM 是机器学习领域最受欢迎的方法之一。然而,随着问题复杂性的进一步提升,设计核函数变得愈发困难,特别是对语音、图像、自然语言这样的大型数据集,SVM 就显得无能为力。

2.2.4 决策树、随机森林、梯度提升机

从数据中学习的决策树在 21 世纪初开始在一些问题上取得较大的进展,在决策树和核方法之间,研究人员更青睐决策树方法。决策树是类似流程图的结构,该方法能够对输入的数据点进行分类或在给定输入的情况下,预测其对应的输出。这种方法容易理解,且可视化效果好。图 2-11 所示是一个典型的决策树,所学习的参数是关于数据的问题。

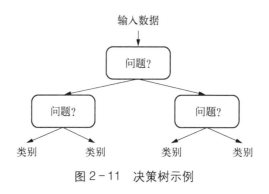

图 2-11 决策树示例

顾名思义,随机森林就是多棵决策树的组合,它涉及构建大量的针对特定问题的决策树,然后利用集成学习方法集成它们的输出。随机森林适用于各种各样的问题。著名的机器学习竞赛网站 Kaggle(https://kaggle.com)于 2010 年启动后,随机森林迅速成为平台上表现最好的算法之一,直到 2014 年才被梯度提升机取代。

梯度提升机算法思想很像随机森林,它也是利用多个弱学习器预测模型(可以是决策树)集成提升预测效果的集成学习方法。与其他集成学习方法不同的是,梯度提升机使用梯度提升方法,通过在数据集合中不断采样训练,得到新模型实现对其他机器学习模型的优化。梯度提升机在决策树中的应用使得模型在大多数情况下都比随机森林表现得更好,同时具有相似的特性。

2.2.5 深层神经网络

2010 年之前,尽管学术界大多数研究者几乎完全回避神经网络,但神经网络

的研究仍然在继续,并在基础理论和应用创新上取得了可喜的进步,主要研究人员和机构包括:多伦多大学的 Geoffrey Hinton、蒙特利尔大学的 Yoshu Bengio、纽约大学的 Yann LeCun 和瑞士的 IDSIA。

2011 年,来自 IDSIA 的 Dan Ciresan 利用 GPU 训练深度神经网络进行图像分类,并赢得图像分类竞赛的冠军,这是现代深层神经网络第一次在解决实际问题上取得成功。但转折点出现在 2012 年,随着 Hinton 等人进入年度大规模图像分类挑战 ImageNet。ImageNet 挑战在当时是出了名的困难,它包括在 140 万张图片训练后,将高分辨率的彩色图像分成 1 000 个不同的类别。2011 年,基于经典计算机图像处理方法的获奖模型的前五名准确率仅为 74.3%。而 2012 年,一个由 Alex Krizhevsky 带领并由 Geoffrey Hinton 指导的团队实现了 83.6%的准确率,达到了前五的水平,这是一个重大的突破。自此,这种竞争每年都被深度卷积神经网络所主导。到 2015 年,基于深层神经网络的优胜算法的准确率达到 96.4%,在 ImageNet 上的分类任务被认为完全解决了这个问题。

自 2012 年以来,深度卷积神经网络成为所有计算机视觉任务的首选算法,更一般地说,它适用于所有感知任务。在 2015 年和 2016 年的主要计算机视觉会议上,几乎不可能找到不以某种形式涉及卷积神经网络的演讲。与此同时,深度学习也在许多其他类型的问题中得到了应用,比如自然语言处理。在广泛的应用程序中,它完全取代了 SVM 和决策树。例如,几年来,欧洲核子研究组织(CERN)使用基于决策树的方法分析来自大型强子对撞机(LHC)的 ATLAS 探测器的粒子数据;但 CERN 最终转向基于深层神经网络的方法,因为它们的性能更好,而且在大型数据集上的训练也很容易。

2.3 深度学习的发展

在 1989 年,人们就已认识到了卷积神经网络和反向传播这两个驱动深度学习的关键因素,到 1997 年又提出深度学习基础算法之一的长短期记忆算法(Long-Short-Term Memory, LSTM)。但是,其在之后的十余年中并未在实际场景中得以广泛应用。深度学习之所以在 2012 年之后才开始大规模应用,得益于以下三种技术力量的进步[8]:

1)强大的计算能力;

2)海量的数据资源;

3)快速高效的算法。

因为这一领域发展源自实践驱动而非理论引导,算法的进步只有在足够的数据和硬件的支撑下才能得以实现。机器学习不像数学或物理,主要的进步可以通过笔和纸的理论推导来完成,它是一个更加偏向工程科学的领域。在 20 世纪 90 年代和 21 世纪初,深度学习的瓶颈是数据和硬件。但随着互联网技术的不断发展和以高性能显卡为代表的并行计算设备的进步,深度学习相关算法在解决实际问题中取得了显著的进展[9]。

2.3.1 强大的计算能力

从 1990 年到 2019 年,CPU 的速度提高了大约 5 000 倍。因此,现在有可能在笔记本电脑上运行小型的深度学习模型,而这在 30 年前是难以解决的。然而,计算机视觉、语音识别、图像分类中使用的典型深度学习算法训练模型所需要的计算能力要比个人电脑所能提供的大几个数量级。在 21 世纪,英伟达(NVIDIA)和 AMD 等公司投资数十亿美元开发快速、大规模的并行芯片——图形处理单元(GPU),以支持日益逼真的视频游戏,用于实时在屏幕上呈现复杂的 3D 场景。当 2007 年英伟达推出以 CUDA 为代表的一系列支持 GPU 并行计算的编程接口时,这项原本应用于游戏加速的计算设备也使得科学界受益匪浅。从物理建模开始,少量 GPU 开始在各种高度可并行化的应用程序中替换大量的 CPU 集群。深度神经网络,主要由许多小的矩阵乘法组成,也是高度可并行化的。

NVIDIA 泰坦 X 这款游戏 GPU 在 2019 年售价为 1 000 美元,在单精度上计算上最高可达 6.6 兆次/秒,即每秒可进行 6.6 万亿次的 32 位浮点运算。这速度大约是笔记本电脑的 350 倍。在 Titan X 上,只需要几天就能训练出一种能在几年前赢得 ILSVRC 竞赛的 ImageNet 模型。与此同时,一些大公司在数百种类型的 GPU 上进行深度学习建模,这些 GPU 是专门为深度学习的需要而开发的,比如 NVIDIA Tesla K80。如果没有现代的 GPU,这些集群的计算能力是不可能实现的。

更重要的是,GPU 性能功能耗比低,计算瓶颈随着问题复杂度的提升愈发制约了工程应用的进展,深度学习行业已经不满足于使用 GPU,对更加专业化、高效的深度学习芯片的需求愈发强烈。特别是,在 2016 年的谷歌年度 I/O 大会上,谷歌在产品介绍中公开了其在 Alpha Zero 中计算能耗比取得质的突破的计算设备——张量处理单元(TPU)。TPU 不同于以往的芯片框架,从底层针对深度神经网络研制,而且远比 GPU 更节能,并且大幅提升了计算能力、降低了计算成本。AlphaGo Lee 训练过程用了 1 920 个 CPU 和 280 个 GPU 的集群服务器。Alpha Zero 使用的 TPU 在性能上比传统的 GPU 或 CPU 快 15~30 倍,在性能功耗上比传统计算设备高 30~80 倍。

2.3.2　海量的数据资源

人工智能有时被誉为新工业革命。如果说深度学习是这场革命的蒸汽机,那么数据就是它的燃料。数据是为智能机器提供动力的原材料,没有它,一切都不可能。在数据方面,除了过去 20 年存储硬件的指数级进步,基于互联网和物联网进行数据的积累和收集催生了海量的数据资源。例如,Flickr 上的用户生成的图像标签就是计算机视觉数据的宝库,YouTube 视频亦是如此,维基百科则是自然语言处理的关键数据集之一。

ImageNet 数据集是深度学习兴起的催化剂,它由 140 万张图像组成,这些图像被人工标注为 1 000 个图像类别。但是,让 ImageNet 与众不同的不仅仅是它的大数据量,还有与之相关的年度竞赛。正如 Kaggle 平台自 2010 年以来一直在推进的那样,公开竞赛是激发研究人员和工程师挑战极限的极好方式。拥有研究人员竞相超越的共同基准,极大地促进了深度学习的发展。

2.3.3　快速高效的算法

除了硬件和数据,直到 21 世纪初,人们还缺少一种训练深度神经网络的可靠方法。初期的神经网络是浅层的,仅使用一层或两层表示。因此,它的效果比不上其他浅层方法,如 SVM 和随机森林。更为关键的问题是,研究者发现,梯度传播方法在浅层方法中使用得很好,然而,随着神经网络层数的增加,反馈信号会越来越弱,直至消失。这个问题随着研究者对相关算法研究的深入得到了改变,主要包括:

1)较好的神经层激活函数;
2)更好的权重初始化方案;
3)更好的优化算法,如 RMSProp 和 Adam。

当深度神经网络的层次多于 10 时,深度学习的效果才愈发凸显。近年来,更先进的提升梯度传播方法效果的算法,如批量标准化、Dropout 和深度可分卷积等大幅提升了深度神经网络的规模。迄今,深度学习算法能够对数千层、数以亿计的参数的神经网络模型进行训练。

2.3.4　开放的技术生态体系

随着深度学习在 2012~2013 年成为计算机视觉中的主流算法,并最终在所有感知任务中取得了最好的效果。随之迎来了产业界的春天。先后数十家创业公司成立,将深度学习应用在多个产业中。与此同时,谷歌、Facebook、百度和微软等大型科技公司已经在内部研究部门投入了大量资金。2013 年,谷歌以 5 亿美元收购了英国的哈萨比斯初创的研究深度学习的企业 DeepMind,这是历史上最大的一次人工智能公司收购。

机器学习——尤其是深度学习,已经成为这些科技巨头产品战略的核心。2015 年末,谷歌表示:"机器学习是一种核心的、变革性的方式,通过它我们可以重新思考人类如何去做每一件事。"无论是搜索、广告,YouTube 还是淘宝,人们都在深思熟虑地将它应用到自己所处领域的产品中。

由于这波投资浪潮,从事深度学习的人数在短短五年内从几百人增加到几万人,研究进展也达到了狂热的程度。目前还没有迹象表明这一趋势会很快放缓。与此同时,代码开源共享,TensorFlow、OpenAI 等全球顶尖的研究机构不断地开源其研究成果,弥补领域盲区,开启群智模式,使得更多的研究团队能够在全球顶级研究团队的基础上,从开源社区获取资源,其相关研究成果也在回馈开源社区。

在早期,深度学习需要大量的 C++和 CUDA 专业知识,这是很少有人具备的。而现在,随着以"Theano"和"TensorFlow"为代表的深度学习平台的不断完善和发展,极大地简化了深度学习模型的构建方式,借助基本的 Python 或 R 脚本技术已经足够完成比较高级的深度学习研究了。这使得深度学习的门槛不断降低。特别是,Tensor Flow、Keras、Pytorch 等深度学习工具迅速成为大量新创业公司、研究生和研究人员的开发平台和解决方案。

2.3.5　深度学习发展趋势

深度学习发展如此之快的主要原因是它在许多问题上提供了更好的表现。但这不是唯一的原因,深度学习还使问题解决变得更加容易,因为它完全自动化了机器学习工作流中最关键的一步——特性工程[10]。

以前的机器学习技术——浅层学习,只涉及将输入数据转换成一个或两个连续的表示空间,通常使用高维非线性投影或决策树方法。但是,在像语音、图像这样复杂的需要精细表示特征的领域,用这些方法都很难处理。因此,研究人员想尽办法试图人工对原始数据进行预处理,以使其能够作为这些算法的输入,这也是特征工程的由来。此时机器学习的效果除了取决于算法本身,人工进行的特征提取似乎在其中占据了更为重要的作用。随着深度学习技术的发展,近年来的算法已经实现了自动化的特征提取,通过深度学习方法,用一个简单的端到端的深度学习模型取代复杂的多级管道进行端到端的学习,可以一次性学习所有的特征,而不必人工去设计它们。这大大简化了机器学习的工作流程[11]。

但是,如果问题的关键是要有多个连续的表示层,那么是否可以重复使用浅层方法来模拟深度学习的效果?在实践中,浅层学习方法的后续应用收益迅速递减,因为三层模型中的最优第一表示层不是单层或双层模型中的最优第一表示层。深度学习的革命性之处在于,它允许一个模型同时学习所有层次的表示,而不是连续学习。通过联合特征学习,当模型调整其内部特征时,所有依赖它的其他特征都会自动适应变化,而不需要人工干预。这个自动化的过程主要依赖反馈信号的监督:模型中参数的变化的最终目标都是为了优化模型,使其达到更好的效果。这比单纯堆叠浅层模型效果更好,因为它允许通过将复杂的抽象表示分解为一系列中间层来学习,每个空间都是对前一个空间的简单转换。这是深度学习的两个基本特征——递增、逐层的方式,在这个过程中,越来越复杂的表示方法被开发出来,这些中间增量表示方法被共同学习,每一层都被更新,以满足上一层和下一层的表示需求。这两个特征使深度学习比以往的机器学习方法更成功。

深度学习有几个特性可以证明它作为一场人工智能革命的地位,而且它将继续存在。也许 20 年后,人们可能不会再使用神经网络,但无论使用什么方法,都将直接继承现代深度学习的基本特征及其核心概念。这些重要的性质可以大致分为三类。

1)简单性。深度学习消除了人工特征提取的需求,用最朴素的端到端的方法就可以训练模型,替换复杂、脆弱、工程繁重的管道,这些模型通常仅使用五个或六个不同的张量操作构建。

2)可扩展性。深度学习的基础——深度神经网络的训练并行程度极高,在GPU 或 TPU 这样的并行度极高的计算设备中具有非常高的优化效率。与此同时,通过将批量数据处理为多个小批量数据,在用深度神经网络算法训练优化模型时,可以在数据集中进行小批量数据的采样,并不断迭代。这种训练优化模型的方式可以在任意大小的数据集上进行训练。

3)多样性和可重用性。不像以前的许多机器学习方法,深度学习模型可以在不从头开始的情况下对额外的数据进行训练,使其能够进行持续的在线学习。此外,经过训练的深度学习模型存储了已训练数据的知识,并且可以在新的任务和数据集上重复利用和优化。例如,在视频处理任务中,可以使用经过图像识别训练的深度神经网络模型,从视频数据中提取关联信息。这使人们可以将以前的工作重新在日益复杂和强大的模型中复用。这也使得深度学习在某些场景下适用于相当小的数据集。

从深度学习出现到广泛应用只有几年的时间,然而研究者还没有确定它的应用潜能。每过一个月,深度学习就在新的用例和工程实践中得到应用,这些改进可以消除以前的限制。在一场科学革命之后,进步通常遵循一个 S 形曲线:它开始于一个快速进步的周期,随着研究人员遇到严格的限制,这个周期逐渐稳定下来,然后进一步向上发展。

2.4　机器学习的前沿

2.4.1　深度强化学习

以深度学习技术为代表的机器学习方法,具有强大的非线性函数表示能力,能从海量数据中学习经验知识,通过深度神经网络将数据逐层抽象得到策略模型,可以较好地模仿人的抽象思维活动,但其局限性是需要大量的样本数据,同时模型的可解释性差。在训练数据有限的情况下,样本数据无法覆盖完整的决策空间,学到的策略模型泛化能力有限,导致策略模型适用性不强。在数据有限的应用场景条件下,使用监督或半监督的机器学习方法训练策略模型具有很大的局限性[12]。

强化学习在计算机科学领域体现为机器学习算法,相比于机器学习领域的监督学习和半监督学习,强化学习是在没有任务正确样本标记(label)的条件下,采用持续的"试错"(trial-and-error)机制和"利用-探索"平衡(exploitation-exploration)策略,实时感知环境的反馈状况并作为其动作的监督信号,最终通过不断调整参数,完成对任务最佳实现策略的选择。基于深度强化学习算法的智能实体,在与环境的持续交互中不断学习经验,不断更新深度神经网络来指导其连续的行为选择,最终生成符合要求的行动序列。其中,训练得到的深度神经网络,可以理解为人类隐性知识的非线性表达,是决策思维过程的表征。强化学习因其来源于心理学中的行为主义理论,反映了人脑如何做出决策的反馈系统运行机制,因而符合决策人员面对诸多复杂决策问题的思维认知特征。

不难看出,强化学习不仅解决了从数据到知识一般性规则建模问题,更重要的是它体现了"如何从世界中得到数据"这个过程。正是这一学习机制使得强化与行为决策直接关联,从而在一定程度上跨越了"认知世界"这一过于复杂的建模环节,而直指"改变世界"这一个任务目标,其学习机制与方法契合了决策规划人员的思维方式。运用强化学习来解决决策问题,其优势在于:它可以充分利用与虚实结合的环境交互"试错"数据来直接学得策略,而不需要人为地构建推理模型。

传统的强化学习在解决状态和动作空间有限的任务上都表现得不错,但在求解状态和动作空间维度很高的现实问题时,就显得无能为力。运用强化学习方法来解决实际问题时,基于浅层结构算法,如分类、回归等学习算法的泛化能力受到一定制约。其局限性在于,有限样本和计算单元条件下对复杂函数的表示能力有限。解决上述问题的一个有效途径,就是使用函数近似的方法,即是将强化学习中的策略或者值函数用一个函数显性地进行表达。常用的近似函数有线性函数、核函数、神经网络等。其中,深度神经网络不仅具有强大的函数逼近能力,而且可以实现端到端学习,能够直接从原始数据的输入映射到分类或回归结果,从而避免了由于特征提取等工作而引入过多的人为因素。深度学习就是通过构建包含多隐层的深度神经网络模型,并基于海量的数据样本集进行网络参数学习,以实现对非线性复杂函数的逼近,最终达到提升分类或预测准确率的目的。深度学习在图像理解、机器翻译、语音识别领域的成功应用,展现出其从样本集中学习数据集本质特征的强大能力[12]。

近年来,借助深度神经网络强大的感知能力,将其作为近似函数引入到强化学习中取得了较好的效果,由此,产生了具备感知能力和决策能力的深度强化学习方法,并在决策规划领域得到了瞩目的应用。Google 公司 DeepMind 团队成功开发的智能围棋程序 AlphaGo,通过综合运用基于海量围棋实战数据的深度神经网络训练、基于强化学习的虚拟自我对弈,以及蒙特卡罗树搜索,实现了 AlphaGo 在全局"棋感"(估值网络)与局部"落子"(策略网络)的良好平衡[13]。

当然还应该看到,深度学习也有一定的局限性,因为其需要大量的样本数据,并且在很多任务上表现不佳,特别是在数据量较小的情况下。其原因是,采样的决策训练样本轨迹因不可能包括所有状态空间,使得监督学习学得的策略函数泛化能力有限。虽然增加训练时间和计算能力能在一定程度上弥补这个不足,但预测和泛化能力弱的问题并不能从根本上得到改善。深度强化学习算法由于能够基于深度神经网络完成从感知到决策规划的端到端的学习模式,与监督学习的方法相比,具有更强的预测和泛化能力。为此,将强化学习机制与深度学习算法结合,探索解决智能实体决策问题,是一种行之有效的方案。这其中需要解决的关键是智能实体奖赏函数的表示与探索策略学习算法问题。

2.4.2 迁移学习

深度学习作为机器学习的重要领域,在过去几年里发挥了巨大的作用。但是随着机器学习在不同领域的深入应用,迁移学习正在成为不可忽视的力量。基于大量标记的语音、图像、文本和其他结构化数据进行深度学习,训练出满足从数据到标签映射的模型在技术上比较成熟。但基于深度学习的模型所缺乏的是能够概括出不同于训练过程中遇到的情况。在将模型应用于精心构建的数据集时,它表现得总是不错。但现实世界不总是有规律的,新的场景和模式永远无法穷尽。因此,在学习算法中,其中许多是模型在之前的训练期间没有遇到过的。将知识迁移到新情景的能力通常被称为迁移学习[14]。

在过去的几年中,深度学习模型已经获得了训练越来越精确模型的能力。最先进的模型表现得非常好,在其应用场景上达到了诸多领域应用的要求。ImageNet 最新公布的残差网络在基于图像识别物体方面的能力已经超过了人类;天猫小秘等基于自然语言的机器人客服也在诸多门户网站上广泛应用,语音识别错误率稳步下降;在医学领域,深度学习模型可以自动识别皮肤癌以及其他症状。智能化水平已经达到了在面向数以万计用户的应用场景中大规模部署的能力。然而,这些成功案例中的深度神经模型对于数据的需求量极大,并且都是带标签的数据,这些数据是该任务领域多年来一直苦心经营的。在一些情况下,它是公开的,例如 ImageNet,但是大量的标记数据通常是专有的或昂贵的,就像语音或 MT 数据集一样,因此在数据上就有竞争优势。有了竞争机器学习才能更好地商业化。同时,在应用机器学习模型时,存在着大量问题。例如,模型以前从未见过,不知如何处理的诸多条件,一方面每个用户都有自己的偏好,拥有与用于训练的数据不同的数据;另一方面一个模型被要求执行许多没有被训练的任务。在这些情况下,目前最先进的模型有的时候也会崩溃。而迁移学习可以帮助人们处理这些难题。

在监督学习场景中,如果研究人员打算为了完成某个任务而训练一个学习模型,例如:模型 A 和 B 的任务都是识别一个摄像头拍摄的视频数据中的对象,其中模型 A 的使用场景是白天,模型 B 的使用场景是夜间。假设研究人员已经在同样的数据和类似的任务上进行标记,获取了标签数据。传统的方法是要分别训练模型 A 和 B,这势必会造成大量的资源和时间上的浪费。而且当研究者没有足够的标记数据为这个任务或领域训练可靠的模型时,传统的监督式学习方法就会失效。如果想要训练模型 B 来检测夜间视频中的对象,可以应用一个已经在类似的领域(白天从视频中提取对象)已经训练好的模型,在其基础上开始训练新的模型。

然而在实践中,由于已有的模型继承了训练数据的偏见,这时研究人员就需要改动其中的一些参数或者寻找一些新的模型。如果想要训练一个模型来执行一个新的任务,比如检测骑自行车的人,在这种情况下,甚至不能重复使用现有的模型,因为任务之间的标签是不同的。迁移学习使算法能够利用已经存在的某些相关任务的标记数据来处理这些场景,新的模型继承了老模型的相关能力。

在实践中,研究人员总是希望已有训练的知识能够更多地从原有的任务迁移到新任务中。这些知识可以根据数据需求采取多种形式,它可以涉及如何组成对象、如何使算法更容易识别新的对象等。

迁移学习中一个特别重要的应用是模仿学习,对于像自动驾驶、机械臂这样的在现实中需要实际交互的应用场景,通过物理环境收集巨量数据,时间成本、经济成本和风险都很高。因此,以其他风险较小的方式收集数据是明智的[15]。模仿学习就是这方面的首选方法,它已经在许多虚实结合的场景中得到应用。从模拟环境中学习,获取知识,并用获得的知识指导实际环境中的任务,这是迁移学习的一个典型应用。在这个应用中,源任务和目标任务之间的特征空间相同。然而,模拟环境和真实物理环境之间的概率分布不是完全一致的,模拟环境无法百分之百还原现实世界中的任务,例如物理引擎不可能完全还原真实世界中对象之间复杂的相互作用,尽管这种差异随着模拟环境逼真度的提升而不断减少。模拟的好处是可以方便地收集数据,因为可以轻松地绑定和分析对象,同时实现快速训练,在模拟环境中多个并行的训练场景可以同步。因此,复杂的机器学习项目通常都需要构建一个逼真的模拟环境,如自动驾驶。据谷歌自动驾驶技术负责人赵引佳介绍:如果你真的想做一辆能够自动驾驶的智能机器人,模拟是必不可少的。Udacity 已经开源了模拟器,它用于教自动驾驶的汽车工程师 Nanodegree。除此之外,OpenAI 的模拟环境可能利用 GTA 5 或其他基于视频的自动驾驶软件进行训练。迁移学习还可应用于新的领域以及跨语言传输知识,这些应用都非常有趣,而且商业价值也比较高。

2.4.3　生成式对抗网络

生成式对抗网络(GAN)并不是一个新概念,它是 Goodfellow 在 2014 年提出的,此后 GAN 方法在实践中取得了相当多颇具创造性的应用,例如看图说话、改变面部表情、视频换脸等,它甚至还可以作画、写诗等,生成令人叹为观止的艺术作品。人工智能的终极目标除了感知和理解,我们还希望他能创造和主动推理。下面我们将介绍 GAN 是什么,它的技术思想是什么,它又是如何工作的。

深度学习能够从数据中挖掘数据背后的映射关系,这种映射关系本质上是数据的概率分布。迄今为止,最为成功的应用实质上是判别式模型。经过训练的判别式模型能够将类似图像、视频、语音这样的高维数据映射到数据的类标签上。神经网络应用成功的基础是像反向传播、Dropout 这样的优化机制,特别是 ReLU 激活函数的使用大幅提升了深度学习的收敛性能。事实上,除了判别式模型,生成式模型在人工智能领域也发挥着极其重要的作用。判别式方法和生成式方法是监督学习的两个分支。其中生成式方法主要用于学习数据的分布假设和分布参数,然后可以根据分布假设和分布参数采样新的样本。简单地说,生成式方法的初衷就是根据给定的数据集合,找出数据集合的统计学规律,并且能够根据规律产生概率分布模型,从而生成与数据集具备相同特性但不一致的样本数据[16]。

GAN 通过构建两个相互博弈的网络：生成式网络和判别式网络。生成式网络的任务是生成尽可能逼真的样本,判别式网络的任务是判断生成的样本是否为真的样本。其核心思想来自博弈论中的纳什均衡。两个网络相互竞争达到均衡状态。它设定参与博弈的两个网络一个作为生成器,一个作为判别器,为了取得博弈的优势,两个博弈网络需要不断根据对抗结果优化模型,在优化模型的过程中,生成式网络的生成能力和判别式网络的判别能力不断提升,模型优化的过程等价于寻找两个博弈网络之间的纳什均衡点。其计算流程与结构如图 2-12 所示。

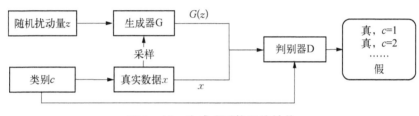

图 2-12   生成式对抗网络结构

在基于深度学习的生成式对抗网络模型中,我们用深度神经网络 D 和 G 分别表示判别器和生成器。其中生成器 G 的输入为来自真实数据的采样 x 添加一个扰动量 z(即生成新的数据样本)。$G(z)$ 表示附加了扰动量 z 的新样本。在对抗过程中,算法会随机将真实数据 x 和生成数据 $G(z)$ 传递给判别器 D。如果判别器的输入样本来自真实数据,且判别器将其分类为 2,那么将其标注为 2;如果来自生成数据,那么标注为 0(假)。

由于程序知道样本的分类,如果判别式区分出了伪造的样本,说明生成器生成样本的能力还不够,生成式网络将根据反馈优化模型;如果判别器将真实数据判定为伪造数据,那么说明判别器判别能力还不够,判别器将根据反馈进行优化。如果判别器将伪造数据判别为真实数据,那么既可以说明判别器判别能力不足,也可以说明生成器模型能力达到要求。在判别器 D 判别能力足够强的情况下,如果生成器 G 能够产生出以假乱真的样本数据,说明生成器 G 学到了真实数据集合的概率分布;同理,在生成式模型 G 足以产生以假乱真的数据,而判别器依然能够正确的对数据进行分类,并发现伪造的数据,说明判别式 D 判别能力已经学到了样本数据边界。也就是说,在 GAN 的运用过程中我们希望：

1) 生成式网络生成的样本数据足够真实,可以以假乱真,判别器无法区分;

2) 判别式网络鉴别能力足够强,可以正确对样本进行分类并识别出伪造样本;

3）生成式网络和判别式网络在不断的对抗中达到平衡,直至两者水平难以继续提升。

参 考 文 献

［1］ Aurélien Géron. Hands-on machine learning with scikit-learn and TensorFlow［M］. Sebastopol：O'Reilly Media, 2017：20 - 23.

［2］ 钱宇华,张明星,成红红. 关联学习:关联关系挖掘新视角［J］. 计算机研究与发展,2020,57(02)：424 - 432.

［3］ 苏金树,张博锋,徐昕. 基于机器学习的文本分类技术研究进展［J］. 软件学报,2006,(09)：1848 - 1859.

［4］ Lecun Y, Bengio Y, Hinton G. Deep learning［J］. Nature, 2015, 521(7553)：436 - 440.

［5］ 何清,李宁,罗文娟,等. 大数据下的机器学习算法综述［J］. 模式识别与人工智能,2014,27(04)：327 - 336.

［6］ 汪洪桥,孙富春,蔡艳宁,等. 多核学习方法［J］. 自动化学报,2010,36(08)：1037 - 1050.

［7］ 丁世飞,齐丙娟,谭红艳. 支持向量机理论与算法研究综述［J］. 电子科技大学学报,2011,40(01)：2 - 10.

［8］ 焦李成,杨淑媛,刘芳,等. 神经网络七十年:回顾与展望［J］. 计算机学报,2016,39(08)：1697 - 1716.

［9］ 郭丽丽,丁世飞. 深度学习研究进展［J］. 计算机科学,2015,42(05)：28 - 33.

［10］ 余凯,贾磊,陈雨强,等. 深度学习的昨天、今天和明天［J］. 计算机研究与发展,2013,50(09)：1799 - 1804.

［11］ Kim G B, Kim W J, Kim H U, et al. Machine learning applications in systems metabolic engineering［J］. Current Opinion in Biotechnology, 2020, 64：1 - 9.

［12］ 陈希亮,张永亮. 基于深度强化学习的陆军分队战术决策问题研究［J］. 军事运筹与系统工程,2017,(03)：21 - 27,57.

［13］ Silver D, Huang A, Maddison C J, et al. Mastering the game of Go with deep neural networks and tree search［J］. Nature, 2016, 529(7587)：484 - 489.

［14］ 庄福振. 迁移学习研究进展［J］. 软件学报,2015,26(1)：26 - 39.

［15］ 赵冬斌,邵坤,朱圆恒,等. 深度强化学习综述:兼论计算机围棋的发展［J］. 控制理论与应用,2016,33(6)：701 - 717.

［16］ Goodfellow I, Pouget-Abadie J. Generative adversarial nets ［C］. Proceedings of the 2014 Conference on Advances in Neural Information Processing Systems 27. Montreal, Canada, 2014：2672 - 2680.

第 3 章　感知认知与人工智能

人类发明计算机的初衷之一是为了让其解决日益复杂的计算问题,当前其计算能力已远超人类,但其感知认知能力和人类之间尚存差距。近年来,科学家将人类的感知认知能力利用计算机可理解的数学模型来表示,虽然不存在一个通用模型包打天下,但是人工智能借助不同的数学模型模仿人类的感知认知,通过算法将其转换成可以量化的计算程序,甚至在人脸识别和语音识别等领域可以与人类媲美。人工智能模仿人类的感知认知可分为模仿人类感知认知世界和模仿人类感知认知彼此两部分,通过智联网可以模仿人类感知认知世界,通过智能计算可以模仿人类感知认知彼此,借助人工智能的感知认知能力研制的智能穿戴设备可以丰富人类的生活。本章将介绍智联网、智能计算、智能穿戴的概念及应用,并通过回顾科幻电影《阿凡达》中的情景给读者一双感知认知的眼睛去透视人工智能的未来。

3.1　智　联　网

对于"智联网"概念有不同的理解,本章主要阐述以下两种学术观点:

1) 百度百科的解释为:"智联网"(Internet of Intelligences)是由各种智能体借助互联网形成的一个巨大网络。其目的是集小智慧为大智慧,群策群力,帮助人类更好地认识世界,体验更好的生活。

2) 我们的理解:"智联网"(Intelligent Internet of Things,IIOT)是将人工智能与物联网结合起来的一个智能网络。通过物联网,可以连接所有的人(员)、机(器)、物(品)、设(施),实现互联互通;而借助人工智能,人与人之间,人与信息设备之间,甚至信息设备与信息设备之间,实现互操作互理解。

在以上两种观点中,智联网的出现都离不开网络的支持,都是采用"智能+网络"的模式。当前物联网的建设已日渐成熟,借助物联网的支撑,结合人工智能、大数据和云计算等技术,智联网已经走进人类的生活。但这种物联网的智能水平还处于较低的层次,如果将认知科学引入进来,借助认知科学和物联网来实现认知物联网,可以提升物联网的认知能力,从而提升其智能水平。在认知物联网中,智联网中设备的智能得到了极大提升,但人类和设备之间交互还需要借助语音、手势等方式,还不能实现人类大脑和设备的无缝连接,如凭借意念来隔空取物。如果未来人脑可以直接连接各种智能设备,建立人脑和设备的共同体,就可以实现电影《阿凡达》中的场景。

3.1.1　ABC+物联网

物联网是互联网技术、传感器技术、通信技术综合发展的产物,它的底层网络基础是互联网和传统电信网,借助底层网络,只要安装了具备独立寻址功能传感器的物理对象都可以相互连通。对于物联网的架构层次,有四层和五层两个观点。我们在此采用四层的观点。这四层自底向上依次是感知识别层、网络构建层、管理服务层和综合应用层[1],如图 3-1 所示。感知识别层是最底层,是它联通现实物理世界和计算机信息世界。在该层中,各类传感器和智能设备对物理对象的性质、状态等信息开展长期实时的获取。而人类可以通过各类互联网产品将自己接入互联网。网络构建层位于感知识别层之上,把这些信息接入互联网,用于上层服务,主要提供各类应用和服务所需的基础网络,包括互联网、卫星通信网、移动通信网以及局部独立应用网络等。管理服务层承接网络构建层和综合应用层,通过建立网络化的计算设备和虚拟存储空间,为综合应用层中的各类物联网系统提供数据计算和存储、信息服务和运维管理。综合应用层借助这个平台,可以实现对各行业的智能应用,包括军事、远程控制、自动化、物流等,甚至用于惩罚罪犯,目前已有一些国家使用不可摘除的可穿戴设备来随时随地监视嫌疑人员或罪犯。

甚至有人声称借助物联网可以识别撒哈拉沙漠的每一粒沙子。一时间,"万物互联"成了大众津津乐道的名词。但随后物联网的风潮却慢慢归于平静。究其原因,有以下几个方面[2]:一是网络传播速度过慢,尤其是移动互联网传输和处理速度的瓶颈制约了物联网的进一步发展;二是物联网还停留在工业应用层面,在民事上的应用还没有推广起来,普通人无法体验到物联网的价值所在;三是物联网的发展处于粗放型阶段,大量的数据和信息得不到有效利用,更谈不上对万事万物进行有效管理。

物联网要真正实现"万物互联",离不开人工智能、大数据和云计算技术的支持,即 ABC(artificial intelligence,big data,cloud computing)[3]。人工智能可以模拟人的智能来完成决策,并具有连续和迭代学习能力。物联网催生了海量数据,对

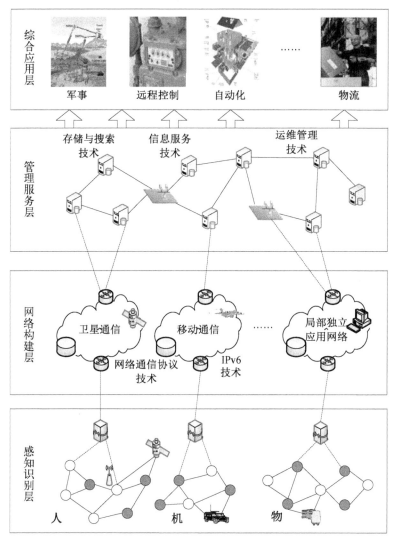

图3-1 物联网架构图

于这些数据,很难单纯地依靠人类来进行筛选、分析。现有的数据计算方式及业务软件能力又限制了人类高效合理地利用这些海量数据。使用大数据技术可以从这些海量数据中分析出潜在的有价值的信息。云计算的目标就在于为人们提供灵活便捷的信息服务处理能力,提高信息采集和应用的效率。物联网可以连接大量具备独立寻址能力的设备,如人类的各种日常可穿戴式设备。嵌入到设备中的各类传感器不断将获取到的各种数据上传。利用大数据技术,这些海量数据可以被处理和分析,支持智能决策。借助大数据、云计算和人工智能技术,对物联网的四层架构进行升级,在感知识别层,借助图像识别、语音识别和动作识别,将其升级为智能感知层;在网络构建层,借助移动自组网技术、网系融合技术,将其升级为智能网络层;在智能服务层,借助强化学习和深度学习技术,将其升级为智能服务层;在综合应用层,可在交通、医疗、农业等行业中广泛开展智能应用,如智能交通、智能医疗、精准农业等,拓展其为智能应用层(图 3-2)。

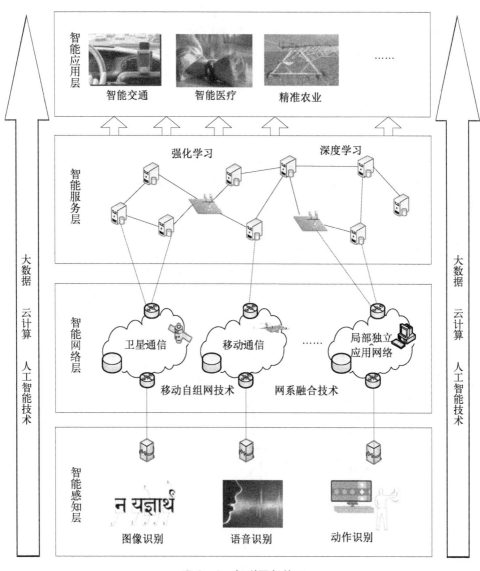

图 3-2 智联网架构图

ABC 的出现和普及,让物联网重新焕发生机,一个巨大的智能网络将极大改变大众的生活和人类的未来。阿里云的"ET 城市大脑"走在了前列[4]。城市大脑通过汇聚遍布城市的摄像头,以及政府、互联网公开数据,进行数据整合,实现对各类自然和社会资源的智能调配。在城市事件感知和智能处理、社区与安全、交通拥堵和信号控制等方面,城市大脑发挥了重要作用。2019 年元宵节,"ET 城市大脑"给了大众一个惊喜。在浙江衢州举办元宵节灯光秀活动期间,当地政府使用"ET 城市大脑"来调度当地交通,保障了活动期间当地车辆和人员通行的畅通,同时也提高了通行率。

5G 技术的发展给智联网带来了新速度。借助 5G 技术移动网络传输速度得到了空前发展。在北京邮电大学,借助 5G 和 4K 全息投影技术,同一老师同一时间可以在距离 25 公里的两个校区给两个班的学生上课。借助智能物联网,大众只需要一个手持终端,就可以了解每个事物的变化。借助智能互联网,人类可以变成全知全能的"超人"。

3.1.2　认知物联网

陆军工程大学王金龙院士研究团队自 2014 年就开始研究认知物联网概念及其理论体系,将认知科学和物联网进行交叉融合,使"万物互联"提升为"万物智联"。认知物联网是认知无线电、认知雷达、认知动态系统等概念在物联网领域的延伸,是一种新的网络范式。其核心理念是超越万物互联,赋予物联网设备和系统自主学习、自主决策能力,基于对环境信息的理解和推理,实现资源分配、网络操作、服务配置的智能化,将物理域、信息域和认知域有机地融为一体,实现万物智联。

在 2018 年 5 月,认知物联网入选中国科协发布的 12 个领域 60 大科技难题(暨信息科技领域 6 大难题)。要真正实现万物智联,认知物联网需要突破环境感知技术、抗干扰决策技术、群体智能汇聚技术等关键技术难题。环境感知技术是认知物联网的底层技术,要解决广域环境下离散状态的获取、全局态势推理和未来趋势预测等技术,为下一步的智能决策提供准确、快捷的信息支撑。抗干扰决策技术针对传统网络频率集固定、易被截获、抗干扰能力弱的问题,构建动态频谱抗干扰决策模型,研究多域干扰估计、大跨度频率捷变等关键技术。群体智能汇聚技术主要解决大规模群体通过竞争、合作、对抗等多种方式共同完成某个任务的问题,涌现出符合预期的群体智能。

3.1.3　阿凡达

人类的好奇心是无限的,不仅想了解物体,更想操控物体,感知物体。在电影

《阿凡达》中,残疾的杰克·萨利躺在一艘太空设备舱中,由于身患残疾,萨利已经丧失了行动能力,但他可以借助头上佩戴的设备,利用脑电波控制人类制造的阿凡达。这样的联接模式可以简化为"人—设备—网络—物体",只要将物体接入网络,人体使用脑机接口设备操控物体,就可以达到电影中的效果。

借助脑科学与认知技术,人类已经在这方面取得了一系列成果。以前采集脑电波的设备异常复杂庞大,需要从头部多个位置来采集脑电波。目前硅谷的一家创业公司已经将采集脑电波的设备集成到一个耳机里,并且仅仅需要一个触点就可以采集脑电波。在实验中,佩戴耳机的人注意力集中到某个物体时,一个小型的球体通过耳机发出的信号漂浮到空中。测试人员的注意力越集中,球体漂浮得越高,当测试人员放松时,球体就会自动下降。在该耳机的基础上,该公司继续研发出了一款智能头箍,这是一款安全可靠的佩戴式脑电波交互设备,它通过蓝牙无线技术与当前的智能终端设备互连,实现用人的意念来操控这些智能终端设备。

上海交通大学在 2015 年成功进行了用脑电波控制蟑螂的实验[5]。实验中,可佩戴式的脑电波采集设备采集实验者大脑产生的方向控制意图,计算机识别出实验者的脑电波后,生成相关的控制命令发送到蟑螂佩戴的接收器,接收器根据命令刺激蟑螂脑部植入的微电极,微电极继续刺激蟑螂的神经,来控制蟑螂的行动。

随着智联网的进一步发展,未来,人类也可以像《阿凡达》中所展现的那样,自由地操控和感知属于我们自己的"阿凡达"。

3.2　智　能　计　算

3.2.1　人脸识别

人类识别彼此主要通过看脸,如果机器也像人类一样可以看脸识人,就需要借助人脸识别技术。该技术利用人类面部特征信息的分析和比较进行个人身份识别,具体包括面部图像采集技术、面部图像定位技术、面部图像预处理技术、个体身份确认技术等[6]。

主流的人脸识别技术可以分为基于几何特征和基于模板两类。基于几何特征的人脸识别技术的精度不高,一般要和其他的人脸识别技术组合使用。基于模板的人脸识别技术,根据模板的差异有不同的方法,例如特征脸法、线性判别分析法等。每个人的脸虽然有差别,但其脸上的器官种类和形状是一样的,只不过器官的大小不同,即便是双胞胎,在这些器官上也存在差异,这就造成了人脸之间的差异,由于这些器官都具有外形特征,利用这些外形特征进行人脸识别就是最早的几何特征识别法。几何特征识别法将人脸上几个显著的特征点识别出来,使用这些特征点来构建几何向量,通过几何向量的距离来进行识别。特征点的选择一般选取眼睛、鼻子、嘴等器官周边的重要位置。而特征脸识别法则是利用统计学的技术,利用大量的人脸图像样本,从样本中寻找人脸分布的基本元素,然后来构建特征向量,通过特征向量来进行人脸识别(图3-3)。

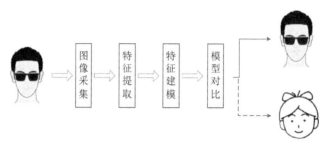

图3-3　人脸识别流程

人脸识别使人与软件系统之间的交互更加方便。由于人脸识别的便捷性和准确性,它成为构建人类智能社会的最佳方式。目前,智能社会的雏形在一些行业已经出现,如出入境边检、道路监控、公司考勤、酒店入住等方面。当前一些城市的高铁站使用基于人脸识别的自助验票机来代替传统的人工验票,乘客只需要把身份证放在设备识别区,人脸对准摄像头,设备会自动识别乘客身份,同时识别出乘客是否有购买当天的车票,全部验证通过后,进站闸机才开启,乘客才能进入火车站。每名乘客的识别时间可以缩短到秒级,极大地提高了验票效率,提升了乘客出入站的速度。

在研究人员的努力攻关下,人脸识别的准确率也在逐步提升。目前准确率最高的人脸识别算法来自依图科技公司,其识别准确率已经接近99%。凭借该算法,依图科技公司取得了2018年度全球人脸识别大赛的冠军。同时,人脸识别还正在向跨年龄人脸识别发展,如用于救助丢失儿童上。利用幼年时的照片,借助人脸识别技术,寻找丢失儿童。腾讯优图人脸识别项目已经将跨年龄人脸识别技术的准确率提升到了96%,借助这一技术,已经找到了十多名丢失儿童,而且这些儿童已失散多年。人脸识别还可以识别出测试者是否专注等表情信息,这一技术已经应用到在线教学的学员实时监测中,可以检测学员是否在认真听讲。

3.2.2 步态识别

除了人脸识别,人类的指纹、虹膜等其他每个人独有的特征信息也可以被用于身份识别。这些特征信息每个人都是独有的,因此利用它们进行识别具有很高的安全性。但这些特征都需要设备在比较近的距离内进行身份识别,尤其是指纹,必须是接触式的,如果识别设备距离个体较远时,无法实现身份识别。面对这种困境,一种新的生物特征识别方法脱颖而出,它就是步态识别。

在电影《碟中谍5》中,黑客班吉倚仗自己的计算机技术,认为对方的安全防护系统不堪一击。但是对方采用了基于步态识别的安全防护系统,作为顶尖黑客的班吉也无能为力。而在以前的电影中,人脸识别、语音识别和虹膜识别都被伊森·亨特的团队轻松攻破过。这种让剧中班吉的老搭档、超能特工伊森·亨特险些丧命的步态识别技术究竟有哪些神奇之处呢?

人类早就可以利用个体的体态进行识别,对于一个熟悉的人,你可以远距离在看不清楚他的脸的情况下就把他认出来。这是因为每个人都有体型上的特点,只不过体型上的特点没有人脸特征那么明显。随着科技的进步,研究人员将人的身高、骨骼、关节等个体特征,及走路的姿态通过一些模型描述出来,通过对个体一段走路视频的分析,捕捉到个体的步态模型,用步态模型就可以进行个体识别(图3-4)。

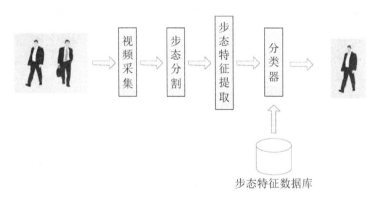

图 3-4　步态识别流程

步态模型作为当前一种新型的生物特征识别技术,已经具有了很高的识别能力,它与其他生物特征识别技术相比具有以下优势[7]:一方面,每个人的腿骨、肌肉、运动神经是特有的,别人很难进行模仿,这就造就了每个人走路姿态的唯一性和稳定性。别人可以模仿他人的走路姿势,但是这仅仅是外形上的模仿,对于步态中腿骨的长度、关节的位置是很难模仿的。另一方面,可以实现远距离的个体识别,根据摄像头拍摄的视频清晰度,步态识别的距离可以达几十米甚至上百米。如果摄像头的分辨率是 1 080 P,步态识别的有效距离可达 50 米,基本接近普通人类的识别水平,随着摄像头分辨率提升,其有效识别距离就可扩展,借助目前已经研发的 4K 摄像头,步态识别的有效识别距离可扩展至 100 米。由于步态识别的远距离、非接触特性,步态特征可以在识别者不知情的情况下进行采集。

目前,步态识别的软件算法主要是利用采集到的视频,用视频背景消除技术提取出人的运动轮廓,人的运动轮廓随着时间的变化可以描述为相应的步态序列,使用各种方法来分析这些步态序列,建立相应的特征模型进行识别[8]。

步态识别是一项综合要求比较高的识别技术,从人形轮廓的检测、人形分割、人形跟踪到个体识别,每一步对识别模型的精度和速度都提出了相当高的要求[9]。随着步态识别算法精度的提升,其应用也越来越广泛。重点企业使用步态识别技术完善防控网络,防范非法闯入者进入企业;在智能家居行业,步态识别技术能替代遥控器等传统操作工具,让家电操控更加智能化、个性化。此外,它可以应用在车站、路口、海关出入口等公共场所的视频监控中,实现远距离、隐蔽式的嫌疑人员排查。

3.2.3 语音识别

语音识别技术,也被称为计算机语音识别或是语音转文本识别,它隶属于信号处理领域,是模式识别的一个分支。语音识别的目的是让计算机能够听懂和理解人类的语言,这包含了两个层次,低层次是计算机可以将人的语音信息转化为相应的文字信息,高层次是计算机理解人类语音信息中的内容,从而对该语音内容做出反应,实现人机智能交互。

语音识别就好比是要教计算机学会听说某一种语言,涉及语音学、语言学、数理统计等学科[10]。要教会计算机一门语言,首先要训练它,将收集好的海量语音和语言数据库进行处理和挖掘,让计算机建立一个语言的"声学模型"和"语言模型",基于两个模型进行语音识别。在计算机对语音进行识别时,首先对语音进行降噪处理,去除掉影响语音识别的各种环境噪声,然后提取出语音的特征向量,基于训练建立的"声学模型"和"语言模型"识别出其中的文字信息。计算机在语音识别过程中还可以进行自主学习,对"声学模型"和"语言模型"进行必要的修正,从而进一步提高语音识别的精准度。

目前,语音识别的准确率已经超越了人类的平均水平,其应用也日益丰富。借助语音识别和在线翻译软件,人类可以在非母语的环境中与他人交谈。在智能家居行业,语音可以代替钥匙使人类方便进出自己的家门,语音可以代替遥控器来操作各种智能家电。例如,智能音箱可以根据用户的语音指令进行相应操作,如果用户想听一首歌,直接把歌名说出来,智能音箱就会自动搜索歌曲然后播放该歌曲,一些智能音箱还可以实现网上购物,用户只需要说出商品名称,音箱就可以根据语音来下单。语音识别也可以应用到非物质资源保护上,地球上还存在着一些民族只有语言没有文字,使用语音识别技术可以很好地保护他们的文化。例如,我国存在着众多的方言,使用语音识别技术可以将这些方言保存下来。语音识别还可应用在军事领域,如模仿敌方指挥员给敌人下达指令,从而达到自己的作战目的。

3.2.4　情感计算

人类的情感是很复杂的,它看不见、摸不着,只能通过一些表象来展现。同一句话用不同的语气来说就表达了不同的情感。人类一直没有停止对情感的探索,创造了心理学学科,创造了各种词语来表达人类的情感类型。现在人类想让计算机具有和人类类似的情感识别和表达能力,情感计算就是实现该目标的主要手段。情感计算最早起源于 20 世纪 90 年代,最开始应用于对情感的哲学探讨。基于情感计算的研究成果,可以让计算机识别人类当前的情感,掌握人类当前的情感状态,从而更好地预测其行为。同时,如果计算机识别了人类当前的情感,可针对当前情感状态选择合适的交互方式,使计算机显得很有礼貌。

情感计算主要从两个方面展开研究[11]:一个是识别人类情感,主要通过采集人类的各种表象特征(如面部表情、说话的语气)进行识别。由于当人体兴奋时,其心跳和体温都会升高,因此相关的人体生理数据也在采集范围之中,根据这些数据,建立适当的模型,通过模型来识别人当前情感状态。另一个研究方向是模拟人类情感,让计算机可以模拟人类的情感状态,由于计算机缺少人类的相关特征,目前主要在人机对话时模拟人的情感,让计算机选择适合的词语来表达相应的情感,提高人机交互的舒适度。

人工智能少女"微软小冰"是目前情感计算领域的佼佼者。她在与人类的对话中,不断收集人类的语言特征信息,从语言特征信息中学习人类的情感,然后在后续的人机对话中去验证收集到的情感。通过不断的迭代,使得她的情感识别模型越来越精准。在 2019 年,第七代"微软小冰"对部分核心技术进行了升级。目前小冰已经具有了创造能力,开始写诗和画画,已经有出版社准备出版其诗集和画册。

人类目前都不能准确识别对方的情感信息,否则就不会有人与人之间的误解发生,何况让计算机来识别人类的情感信息。在情感计算研究中,还有很多挑战。例如,获取人类情感的手段挑战,人类的情感信息不仅仅存在于语言中,有时嘴角的触动,眼神的闪烁,都是情感的表达,如何让计算机识别这些信息是一个难题;情感的识别挑战,同一句话用不同的语气就表达了不同的情感。为了解决上述问题,需要研究人员知道人类为什么会产生情感、人类有哪些方式表达情感、人类会产生什么样的情感等,这就要求研究人员深入学习心理学,促进心理学科和认知学科的融合发展。

3.3　智　能　穿　戴

"可穿戴智能设备"是重新设计后的、赋予智能功能的人类日常穿戴的各类设备的统称,如手表、眼镜等(图3-5)。借助"可穿戴智能设备"人类可以更准确地感知自身状况与周围环境,在计算机和网络的帮助下更快地处理感知到的各类信息,实现了人与自身、人与环境的无缝交流,从而在某种程度上拓展了人类的相关能力。

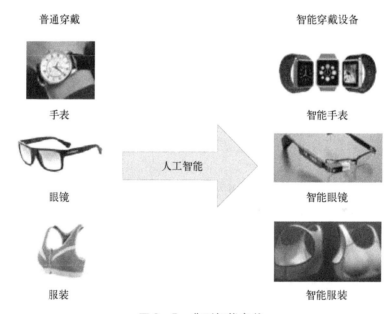

图3-5　典型智能穿戴

3.3.1　智能手环

智能手环作为一种备受用户关注的新兴科技产品,其强大的功能正悄然影响着人类的日常工作和生活。智能手环通过其传感器可以随时采集用户的运动、睡眠等和用户身体相关的实时数据,然后利用蓝牙无线技术将这些数据发送到用户的手机和电脑上,配套软件利用这些数据来对用户的身体状况进行分析,从而指导用户进行健康生活。达到医用标准的智能手环被称为健康手环,它可以准确实时检测病人的心率、体温及病房的环境信息,利用这些信息可以及时掌握病人的病情,然后制定最佳的治疗方案。佩戴健康手环的病人即便不在病房,健康手环也可通过无线技术,将病人的身体信息及时发送到医院的数据中心,使医生能实时掌握病人的健康状况。

当前智能手环还扩展了网络社交功能,用户可以将自己的运动、睡眠、饮食等生活信息依托社交软件通过网络分享给好友,好友之间可以相互鼓励,督促大家进行健康生活。对于儿童和老人来说,智能手环更像是一位贴身保姆,它可以随时将儿童和老人的位置和身体状况信息发送给家人,可以避免儿童和老人迷路走失。

3.3.2　智能手表

智能手表是一款增加了信息处理功能的电子手表,它除具有电子手表基本的时间功能外,还增加了定位、导航、校时、社交等多种功能。

智能手表针对不同人群增加了不同的功能,根据适用人群可以分为成人智能手表、老年人智能手表和儿童智能手表。成人智能手表和老年人智能手表都可实时监测佩戴人员的体温、心率、血压、睡眠等个人健康信息。成人手表侧重支持成年人的移动办公功能,可使用蓝牙技术同步手机进行通话、拍照、音乐播放等。老年人智能手表主要专注为老年人提供健康护理功能,可实现家人呼叫、紧急呼救、吃药提醒等。儿童智能手表重点保障未成年人的身体安全,具备多重定位、SOS 求救等功能,可为未成年人的成长提供一个健康安全的环境。

3.3.3　智能眼镜

智能眼镜是指安装了操作系统,通过各类软件来实现相关功能的眼镜设备的统称,它可通过用户的语音或动作操控完成多种类似手机的功能,并可以实现无线网络接入。

英特尔公司在 2018 年 2 月推出了一款名为 Vaunt 的智能眼镜,该眼镜外观和普通眼镜一样,它看不到摄像头、看不到手势感应区域、看不到显示屏幕等,没有了以往智能眼镜的神秘感,给人感觉它就是一个普通的眼镜。

Vaunt 使用塑料材质的边框,从而使佩戴它和普通眼睛在重量上没有什么区别。它通过眼镜腿上安装的激光传感器将一种低功率激光投射到安装在右透镜上的全息反射器上,然后反射器将图像直接反射回用户的视网膜上。只要用户的视线注视一块区域,图像就会出现,当用户的视线偏离该区域,图像就会自动消失。

Vaunt 可以与用户手机互联,就像智能手表一样,作为智能手机的一个显示端。当手机接收到信息时,用户只需要抬一下眼皮,信息就自动显示在眼镜上。Vaunt 配置的传感器还可以检测用户的位置信息,根据用户的所在场景向用户提供服务,如果探测到用户在厨房,可以向其提供相关食谱信息。设想一下,用户佩戴 Vaunt 在做饭时,只需要说一句:"Vaunt,给我找一个蛋糕配方",蛋糕配方就能显示在用户眼前。

3.3.4　智能服装

智能服装是加装了传感器节点的服装,用户穿上智能服装后,服装上的传感器节点会探测相关区域的用户器官信息,然后将信息返回给数据中心,数据中心根据收到的数据来分析用户的健康状况。

2015 年,美国的一家医疗生物传感器公司研发了一款智能胸衣,该胸衣使用基于人工智能的算法可检测早期乳腺癌,已经完成了 200 多个病例检测。智能胸衣从外观上看与普通的运动胸衣没有太大区别,但智能胸衣在其内部植入了传感器,借助传感器来采集用户的代谢温度和胸部血流信息,然后将采集到的信息通过数据传输模块发送到与智能胸衣相连的电脑上,电脑将这些信息发送到该公司的实验室,实验室采用人工智能算法对用户的数据进行预测分析,检测出用户是否患有乳腺癌。一般情况下依靠佩戴智能胸衣进行乳腺癌检测的时间为 12 个小时。依靠该智能胸衣,用户不必专门到医院进行检测,甚至在工作时都可以完成检测。

目前,该智能胸衣已经在美国的部分医疗单位进行了临床试验,临床试验涉及近 500 名病人。根据临床测试结果,智能胸衣的某疾病监测准确率达到了 87%,而目前常规的 X 光检测准确率仅有 83%。

3.3.5　"超级战士"

"钢铁侠"作为漫威动画中的超级英雄,已经慢慢从影视走向现实。当前,不少国家已在研发创建自己的"钢铁侠"军队,纷纷在该项目上面投入大量资源。目前世界上较为知名的"钢铁侠"士兵项目有俄罗斯的"未来战士"单兵综合战斗系统、美国的"陆地勇士"战斗系统、德国的"未来步兵"战斗系统、英国的"拳头"战斗系统等。

　　这些项目尽管名称各不相同,但项目的解决方案都较为一致,都是利用人造机械外骨骼增强士兵的负重力和强耐力,从而使单个士兵可携带更多的武器装备和补给。俄罗斯使用轻碳纤维研制的最新一代动力服,服装自重仅仅 4 到 8 千克,但该动力服可以支持士兵负重 50 千克的武器装备或补给轻松行军,从而极大地节省士兵体能。目前,人造机械外骨骼的研究重点已经升级到帮助士兵操作武器装备阶段,俄罗斯研发的"钢铁侠"动力铠甲不仅可以提高战士的行动速度,还可以协助战士操控突击步枪,使士兵真正变成"钢铁侠"。

　　这些因战争而生的装备,也可以用于民用领域。目前人造机械外骨骼已经应用在医疗领域,它可以帮助残疾人士,尤其是瘫痪患者获得行动能力。

　　当前可穿戴智能设备的研发难点是传感网络与可穿戴传感系统的研制。人类具有多种生理特征,每种生理特征都需要一类传感器采集,对各类生理和行为状态信息要进行多源异构信息的处理,需要探索新的传感器网络相关技术,使其具备良好的对人体生理、运动、行为等状态信息以及环境变化的感知探测能力,进而增强人机交互的能力。

参 考 文 献

［１］刘云浩. 物联网导论［M］. 北京：科学出版社,2010.
［２］丛林. 基于技术、应用、市场三个层面的我国物联网产业发展研究［D］. 沈阳：辽宁大学,2016.
［３］梁秀璟. 智能视觉物联网——物联网的升级［J］. 自动化博览,2014,(3)：30－33.
［４］王德清. 阿里探路人工智能,用 ET 大脑搭建城市智能中枢［J］. 通信世界,2018,771(13)：33.
［５］杨冬晓. 与物理学家一起探寻心灵的秘密［J］. 科技导报,2015,33(24)：123.
［６］陈晖. 基于图像分块稀疏表示的人脸识别算法研究［J］. 西安文理学院学报(自然科学版),2018,21(06)：32－37.
［７］杨润辉,吴清江. 基于步态的身份识别研究［J］. 微型电脑应用,2007,(12)：8－10,15.
［８］田光见,赵荣椿. 步态识别综述［J］. 计算机应用研究,2005,(5)：23－25.
［９］高峰. 从《碟中谍4》看人脸识别技术［J］. 中国信息安全,2012,(7)：80－81.
［10］梅冰峰. 连接数字语音识别研究［D］. 北京：中国科学院半导体研究所,1999.
［11］魏瑞东,武振超. 情感计算研究初探［J］. 中国电子商务,2014,(2)：41.

第4章 人机交互与人工智能

人机交互是指特定任务下,人和计算机之间借助于某种交互语言的数据信息交互过程。人机交互技术是在前文机器学习与感知认知等人工智能技术的基础上达到的一种新的阶段。本章从脑机接口、智能芯片、虚拟现实、增强现实四个方面阐述人工智能对人机交互技术的推动及面临的挑战,最后以"头号玩家"为例,展望了基于人工智能的人机交互给人类带来的跨虚实体验,引发人类对于"到底什么才叫真实"的思考。

4.1 脑 机 接 口

脑机接口以达到大脑和外部设备之间的数据信息交互为目的,而在两者之间搭建起来的信息通道。由此可以实现不需要通过键盘、鼠标等介质,直接借助于思维意识就可以对外部设备进行控制。总体上来看,脑机接口可以划分为单向和双向两大类,对于前者,计算机可以接受由大脑传递而来的指令,抑或是向大脑发送数据信号,但是两者不可共存(不可同时既发又收)。而后者则允许数据信息在大脑和外部设备间双向的交互流通。需要注意的是,"脑"的概念并非仅仅拘泥于抽象的"心智",事实上它泛指一切有生命的大脑或者是神经系统;另一方面,"机"的概念也很广泛,它泛指一切处理/计算设备,其具体存在形式既包括简单电路,也包括硅芯片等[1]。

4.1.1 脑机接口技术

脑机接口技术的关键环节在于需掌握大脑所表达的信息含义。大脑有着数以亿计的脑细胞,分管着不同的人体功能,虽然越来越发达的医学逐渐揭开它神秘的面纱,但如何读懂"脑语"仍然是一个巨大的挑战。

　　脑机接口,顾名思义是"脑"+"机"+"接口"三部分组成的一个整体,即为了实现脑机信息交换,而在两者间创建的链路。"脑"不仅仅指物质脑,抽象心智也涵盖在内;"机"泛指一切处理/计算设备;"接口"指的是"脑"和"机"之间以数据信息交互为目的而连立起来的数据链路。

　　作为实现万物互联的重要手段,物联网和互联网通过遍布于人体和机器的多类传感器,将机器与人体紧密连接。触摸屏、键盘、语音识别、面部识别等方式都是通过各种传感器建立起人体与机器之间的联系,然而这种连接方式的工作效率仍然有很大的提升空间,使脑机接口更具效率。

　　设想,假如人脑与机器可以进行直接的信息交互,那么人机交互的效率将会提高数倍。以打字为例,熟练的办公人员手指打字速度每秒约 2 个字,而机器的处理速度却可以达到每秒万亿个,二者之间存在着巨大的差距。相比于机器,人脑可以认为是一个更复杂一些的用于处理信息的系统,它有数亿的神经元作为支撑,因此其运算速度要比机器高 20 个数量级。所以以脑机接口为基础的人脑与机器的直接信息交流将大大提高信息处理的效率,也必然会成为信息化时代人类发展的趋势。图 4-1 给出了脑机接口的原理示意。

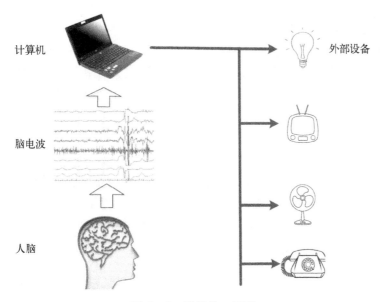

图 4-1　脑机接口原理

　　脑机接口的研究工作从最初至今,已持续了几十年。自 20 世纪 90 年代中期,人类不断进行实验并获取数据和经验。基于动物实验,致力于对损伤的听力、视力、肢体运动能力进行全部或部分的恢复，人们设计了早期的植入设备。大致思路是借助于大脑皮层非同一般的可塑性，实现像控制肢体一样自如地控制这些植入设备。由于其原理相似于脑机接口，因此可利用此类研究的理论与技术成果，尝试研究并制造功能不仅仅拘泥于恢复人体功能的脑机接口[2]。

4.1.2 脑机接口的应用

脑机接口的终极目标是达到意念控制，即只需要通过大脑想象就可以控制外部设备。其实现步骤可大致分为五步：信号搜集、信息解算、机器学习、再编码、控制与反馈。

2016 年，美国明尼苏达大学向全世界公布了一项具有重要意义的科研成果，区别于传统的脑机接口试验，他们直接让人借助于"意念"对物体实行控制，操控机械手臂抓取、摆放物品，另外还可以控制飞行器。这项研究成果给肢体行动不便的患者带来了极大的希望，因为这意味着人们仅仅借助想象，就可以实现对机械臂的移动。这项研究的成功标志着脑机接口技术逐渐走向成熟。

2017 年，被称为硅谷风向标的埃隆·马斯克，计划四年内研究设计出世界上首个以治疗脑部疾病为终极目标的脑机接口产品，以及拥有高度生物相容性的脑机接口，以此，传统的人和机器的交互模式有可能被代替。同年四月，Facebook 创始人马克·扎克伯格也向公众表露了自己的雄心壮志，他打算依托于他的某项秘密计划来实现脑机接口，准备在一年半内研究设计出"脑控拼写器原型系统"，该系统可实现每分钟 100 个字的输入，终极目标是实现完全基于人的意念来进行打字控制。

2019 年，马斯克团队寻找到了能够实现脑机接口的一种全新的、极为高效的方法[3]。整个方法的核心归结为三个模块：一是"线"，直径在 4~6 mm，直观视觉上比人的头发丝细得多，该"线"不仅将对大脑的损害性降到了很低的程度，并且传输的数据量更多；第二个部分被称为"缝纫的机器"，实质上就是一个神经外科机器人，可以实现在一分钟内将六根线植入大脑；三是定制芯片，功能是对来自大脑的信号进行获取、计算和增强。他们下一步的计划是将无线通信系统加入进来，一旦该项工作完成，整个芯片的尺寸在直观上比手指尖还要小，甚至可以借助于无线通信手段，和手机的 APP 进行交流互动。

4.2 智 能 芯 片

智能芯片在有些场合也称为嵌入式人工智能技术，是一种嵌入式芯片，能够实现人工智能高效运算。嵌入式人工智能设备不同于传统的联网模式,不需要借助云端的数据中心执行大规模运算,而是在不联网的情况下单机运算,进而实时或近实时地进行环境信息获取、数据分析、人机通联互动、行为控制等,也就是所有的运算都在本地嵌入式芯片中进行。

4.2.1　智能芯片技术

乘着嵌入式人工智能技术应用数量急剧增长的东风,特别是对终端消费者的服务质量迅速提升,嵌入式人工智能在自动化等多个行业及领域的潜力更加凸显出来。借助于自然语言分析计算手段的不断丰富,消费者获取的服务体验愈加丰富,比如在嵌入式人工智能机器人、智能手机等领域表现得尤为突出。嵌入式人工智能芯片在人机交互的智能化进程中发挥着越来越重要的作用。可以期待,它将能够极大地提升以脑机接口为代表的人机交互设备的性能。

业界将人工智能芯片大致划分了四大类:通用芯片 GPU、半定制化芯片 FPGA、全定制芯片 ASIC、类脑芯片[4],如图 4-2 所示。

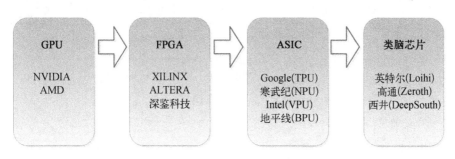

图 4-2　智能芯片发展路径

1) GPU:GPU 内嵌了多个计算单元,拥有超长的计算流水线,主要应用于图像处理领域。GPU 不可独立运行,必须由 CPU 主动向其下达指令,从而调用 GPU。与此不同,CPU 可单独运行,可以针对不同类型的数据实施复杂度极高的符号逻辑推理和数学运算,只有当用户有处理海量数据或大数据的现实需求时,才调用 GPU。

2) FPGA:与 GPU 相反,FPGA 工作模式特点是多指令、单数据流。由于 FPGA 的工作机制特点是在硬件基础上实施软件算法的实现,其难度随着算法复杂度提高而增加,同时其价格相对较高。

3) ASIC:ASIC 不是一种通用性质的芯片,而是一种专用定制的 AI 芯片,它设计的初衷是为了满足特定场景需求下的应用。由于专用定制性,其缺点也很突出——扩展性不强甚至不能扩展,除此之外,在体积、功耗、可靠性等方面优势明显,当应用到一些高性能、低功耗的移动设备上时,这些特点表现得尤为突出。

4)类脑芯片:类脑芯片的编程架构实际上是一个模拟人脑的神经网络模型,以实现对人脑感知、思维等方式的模拟。有说法认为,人工智能芯片的未来主流将是 ASIC,然而事实上,类脑芯片可能才真正地表征了未来人工智能芯片的发展趋势。由于类脑芯片的研究难度较大,甚至可以说异常艰难,因此目前由一些大的 IT 公司在推进,如 Intel、IBM、Qualcomm 等,它们的策略基本上都是相同的——利用硬件来模仿人脑神经突触。目前比较有代表性的类脑芯片包括但不限于 Loihi、TrueNorth、Zeroth、DeepSouth 以及浙大"达尔文"类脑芯片等。

四类智能芯片特点及其代表公司如表 4-1 所示。

表 4-1 智能芯片特点及其代表公司

类 别	通用芯片 GPU	半定制化芯片 FPGA	全定制芯片 ASIC	类脑芯片
特点	具备通用性 性能高 功耗高	可编程 功耗和通用性一般	可定制 性能稳定 功耗可控	功耗低 响应速度快 仍处于早期阶段
代表性公司	英伟达 AMD	深鉴科技	地平线 谷歌	西井科技 IBM

高级复杂算法及通用性人工智能平台是 GPU 未来的应用前景;由于 AI 技术最终会应用到各个具体领域,所以各种具体行业将是 FPGA 未来大展拳脚的舞台;整体来讲,业界看好 ASIC 芯片的前景,尽管由于其算法复杂度较高,往往需要额外相配套的芯片架构,但是也并不是不可解决的难题——可以利用 AI 算法实现独立定制;AI 发展的终极形态是类脑芯片,尽管目前它的发展还在摸索中前进,离产业化还有很大距离[5,6]。目前,以智能芯片为支撑的各种智能设备,已经在人类的生产生活领域大显身手。例如,在 2020 年抗击新型冠状病毒肺炎的疫情中,武汉火神山医院在病房内使用配送机器人,为病人配送医药、生活物品等,避免了医患的直接接触和交叉感染;同时,在全国各地,多个小区利用无人机携带红外测温仪,对小区人员进行体温监测,使得业主足不出户即可完成体温监测,为居家隔离提供了良好的支撑。

事物发展总要经历迭代渐进的过程。嵌入式人工智能"大脑"分阶段地推进其智能化进程,从机器学习演化至深度学习,进而可以演进到自主学习。目前仍是机器学习及深度学习阶段,预计将在较长一段时间都处于这个阶段,想要进一步进化演进到自主学习阶段,仍有四大拦路虎需要破除:一是需要我们设计一个嵌入式人工智能平台;二是为机器提供一个虚拟环境,使其可借助该环境进行自主学习,要求该环境最大程度与现实世界贴合;三是需要将"大脑"嵌入/铰链到自主机器框架中;四是借助于 AR 和 VR 技术等,构建虚拟世界的入口。

4.2.2　智能芯片的挑战

凡事皆有两面,与一般事物的发展过程类似,嵌入式人工智能在发展中也是挑战和机遇并存,展望未来不难预料,想要最终达成真正意义上的万物智能,将是一个异常困难且曲折反复的进程。

一般来讲,智能终端本身的解算能力都较为受限,这已经很大程度上阻碍了数据解算的进程,再加上与 AI 相关的计算往往又异常复杂,对终端的数据计算及分析能力提出了极高的要求。将 AI 算法放在本地,就代表着可能要额外增加一些单独的计算单元,否则算力肯定无法满足要求,但是如果增加算力又必然面临成本提升的现实,假设利用原有的 CPU/GPU,精度可能又会受限。

另外一个问题就是功耗。从实用角度,由于要依托于小的物体,终端上的 AI 功耗必须要低;而功耗过低,又限制了智能的实现。两难境地可以总结为:既要实现高性能,又要低成本、低功耗。因此,最终的解决方案可能需要在两者之间寻求一种平衡,鱼与熊掌兼得将极为困难[7-10]。

4.3　虚 拟 现 实

虚拟现实技术,是用户依托特定的输入、输出装置,基于计算机技术,达到与虚拟世界的场景进行交流互动的一套计算机仿真系统。显示技术、图形技术、传感技术、空间定位技术等是生成逼真虚拟环境的重要支撑[11]。

具体而言,首先利用电脑模拟生成一个三维的虚拟场景,可以实时地、自由地观察虚拟场景内的事物。如果使用者产生了位置移动,计算机可实时运行解算,重构精确的三维场景影像,以达到更加真实真切的临场感。由于整合了电脑仿真、电脑图形、感应、显示及并行运算等技术的前沿成果,因此其本质是一套高技术模拟系统。虚拟现实的概念最初来源于一部科幻小说《皮格马利翁的眼镜》,在这个概念的基础上,杰伦·拉尼尔和他的公司 VPL Research 创造并推广了"虚拟实境"的概念。

真实沉浸感(immersion)、交流互动性(interactivity)和发散想象力(imagination)是虚拟现实技术的最为典型特征,也称为"3I"特征。

沉浸感,该特征是虚拟现实技术最为重要的和核心的特征,用户基于自身感官且借助于硬件装置,实现与现实几乎无异的体验度。

交互性,主要包括两个方面:一是从用户向环境,即用户对虚拟环境中所有对象的可操作程度;二是由环境向用户,即从环境得到反馈的自然程度。虚拟现实强调人机之间交流互动的平顺、自然性,绝不是简单的键盘、鼠标交互,主流方式是使用数据手套、虚拟现实头盔(HMD)等达到手势识别甚至眼球跟踪识别等较高智能化的交互体验。

想象力,又被称为构想性,指虚拟现实技术应该具备较为广阔的思维想象空间,可以提供发散思维,应该具备提升或扩大用户认知的能力,而不仅仅是对真实环境进行再现,也应该允许对客观不存在甚至不可能发生的情境进行构造。

虚拟现实技术立足于用户的真实感官体验,为用户创造了完全沉浸式的身临其境的感触,创造了另一个世界。在这个世界中,开发者可以基于现实并且超越现实进行创作,而用户可根据自身喜好加入实时的交互与体验。该交互方式很新颖,改变了传统交互方式对空间和时间的制约,这种方式能够让用户感到身处的环境中的一切是真实的。其工作原理如图4-3所示。

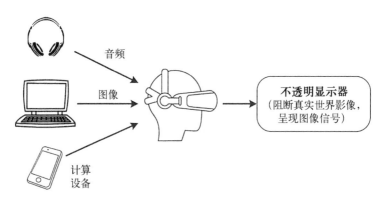

图4-3　虚拟现实工作原理

虚拟现实技术1956年起源于美国,最早的设备是个多通道体验显示系统,用户可以通过它沉浸式地体验摩托车骑行,感受座椅的震动、引擎的轰鸣声、风吹过耳边的声音,甚至可以闻到内燃机的气味。

不懈努力终有收获,近年来虚拟现实技术得到了极大关注且取得了长足进步,尤其是Facebook收购了著名的虚拟现实公司Oculus之后,三星、HTC等知名公司也纷纷加入这个新兴的产业,进而吸收了大批有实力的开发者投身于虚拟现实相关项目,进一步给虚拟现实技术的大发展打了一针强心剂。

虚拟现实的硬件设备有输入设备以及输出设备。它们分工明确,输入设备捕捉用户感知,输出设备提供用户的感知反馈,构成一套完整的、闭环的 VR 交互系统。

输入设备:将真实世界的环境数据映射传送到虚拟世界的数据搜集、传输设备,是整个虚拟现实体验过程非常重要的一个环节。

输出设备:计算机通过屏幕显示、空间三维立体声播放、气味合成设备等多种外部设备,仿真出来可以被人类感官获取并感知的输出,从而虚拟产生出与真实世界相似度极高的场景。例如声音设备、头盔显示设备、力反馈操纵杆设备等。目前,比较有代表性的头盔显示设备包括三星 Gear VR、HTC VIVE、Oculus Rift 等。

在 VR 系统中,为了能够构建逼真的虚拟场景,人眼的立体视觉特性起着决定性作用,扮演了至关重要的角色。主流的 VR 显示设备,大多采用头盔式(HMD),也就是说,左右两个显示器中产生不同图像,并分别进入人的左右眼,在这个过程中,用户的两只眼睛分别可以看到奇数帧和偶数帧,双眼的视差将会给用户带来立体感。

Oculus Rift 的目镜分辨率极高,高分辨率是用户清晰的视觉体验的基础。同时,头盔中的陀螺仪可以感知用户头部的动作,使用户可以对自己的视角进行调整控制,这也是 Oculus Rift 极为突出的特色,这种方式从根本上改变了以往借助键盘和鼠标进行交互的方式,大幅提升了用户的沉浸感。

随着硬件的突飞猛进,VR 在医疗、军事、交通、建筑、航空航天等多个领域普及开来。其中,在军事领域,各类模拟训练系统借助虚拟现实技术,搭建了更加逼真的训练环境,使用者完全沉浸其中,完成武器装备的操作训练,可以极大节约人力、物力,同时又达到了较好的训练效果;在医学领域,通过利用 VR 技术设置人体各个组织的内部景象,并借助数据手套、眼球追踪设备等交互设备让医务工作者获得直观的了解,便于其进行学习以及对患者进行针对性的治疗;在建筑、航空航天领域,虚拟现实技术被用于场景设计、场景展示等多个方面,获得了良好的效果。

由于虚拟现实产业发展迅猛,并且受到人们的持续广泛关注,2016 年被业界认定为"VR 元年",大众对于 VR 带来的独特交互方式以及真实、沉浸的体验感到兴奋和期待,这种体验对智能领域无疑也具有很强的应用价值。虽然虚拟现实技术潜力巨大,但仍有许多理论、技术、应用层面的问题尚未得到很好的解决。大部分应用主要关注虚拟环境的构建,在交互性方面,主要借助传统的辅助设备,如数据手套、头盔、手柄等外设来获取用户的简单信息输入,智能化程度不高。

在人工智能浪潮的席卷下,虚拟现实技术被注入了新的推动力,获得了更强大的生命力。人工智能在虚拟现实系统中的典型应用主要分为两类：一类为设计者开发的虚拟环境具有"智能"，能够对用户的输入进行智能化的交互，使用户获得更加逼真的感官体验；另一类通过智能设备（如脑机接口）摆脱传统外设的束缚，更便捷、直观地获得用户的输入，极大地提升用户体验。

通过人工智能的处理，虚拟环境具有了"智能"，能对用户的交互进行相应的处理与反馈。在 2016 年的美国，人工智能系统"阿尔法"，在空战的模拟性训练中战胜了具有丰富经验的高级飞行员。通过 VR 技术，可以为飞行员等构建更加贴近实战的虚拟的情境，结合 AI，创建与人类旗鼓相当的模拟"对手"或"同伴"，对使用者进行训练，既节省了经费，又能够获得较好的训练效果。

未来，神经科学将是生物、医学及信息智能领域重要的发展趋势之一。VR 头显通过脑机接口与大脑连接，使用户通过脑电波控制其在虚拟场景中的各类信息输入，同时通过脑机接口获得用户的指令，在虚拟的环境中，达到使用意念来控制模拟情境中用户行为，以及对虚拟现实界面的控制，从而实现对用户使用体验的极大提升。

4.4　增　强　现　实

增强现实技术，通过混合应用计算机、三维建模、交互传感等多种技术手段，将辅助设备生成的文字、声音、图像、三维模型等虚拟场景信息和真实的物理世界相叠加融合的一种计算机应用技术。一言以蔽之，就是通过利用虚拟场景信息对现实世界进行补充，进而达到对现实世界的"增强"的效果，用户可以通过多种交互方式与辅助设备中的虚拟场景进行互动[12]。这种互动基于现实场景，因而可为用户带来更丰富的体验。

严格意义上讲，目前对于 AR 有两种被业界普遍接受的定义。一是来自北卡罗来纳大学罗纳德·阿祖玛教授于 20 世纪 90 年代提出的，他认为增强现实应该包括三方面的内容，即将虚拟对象与现实结合、实时交互，以及三维。第二种定义是保罗·米尔格拉姆和岸野文郎于 90 年代提出的现实—虚拟连续系统。该系统分为三种情境：现实情境和虚幻情境分别位于系统两端，位于两者中间位置的被定义为"混合实境"。这其中，离现实情境较近的这端是扩展增强实境，而离虚拟环境较近的则是扩展增强虚境。

增强现实技术立足于虚拟和现实的交融，是对现实真实情境的延展。其具有三个突出特点：虚实融合、实时交互和三维注册。

（1）虚实融合

增强现实的一大特点,即将虚拟世界呈现出的场景与现实世界进行良好的集成融合。它依赖于现实世界,并在现实世界的基础上进行拓展和丰富。例如目前已在部分博物馆中使用的典型 AR 应用,当用户将外设的摄像头对准文物时,在外设的屏幕上就会显示出该文物的文字简介、图片,甚至与之搭配的声音等,用户可以方便地了解文物的各项信息。通过这种虚实结合的方式,一方面不仅较好地留存了真实情境的原始数据信息,另一方面将虚拟环境的数据信息作为补充添加进来,可以给用户提供更优体验。

（2）实时交互

增强现实能够帮助用户与外设进行实时或近实时交互,根据用户的需求,在设备中及时对虚拟环境中的各项信息进行调整、改变,同时确保与现实世界的良好融合,为用户提供及时的反馈,达到实时的操作体验。例如支付宝推出的"扫福字"活动,当用户将摄像头对准"福"字后,支付宝 APP 迅速作出反应,将此次"扫福字"的信息传递给用户。

（3）三维注册

在增强现实技术中,前提是要对现实情景的信息加以精准识别,对未经注册的物体或区域并不进行识别。当用户把虚拟数据融合进真实情境之中后,即完成了"注册"。如果用户改变了摄像机的角度,AR 设备需要及时解算摄像机的位置和角度,并完成用户已添加信息在真实场景中具体位置的定位,及时调整后再次显示。即在增强现实系统中,虚拟场景是随用户姿态和行为的改变而改变的,不是一成不变的显示屏。

提炼总结增强现实技术的工作原理,如图 4-4 所示。

1966 年,著名的计算机图形学之父萨瑟兰开发设计了人类历史上首个增强现实系统——"达摩克利斯之剑"。用户通过头戴式显示器,借助于两个物体跟踪仪,把较为简单的二维线框图映射叠加为拥有 3D 效果的图形。

通过半个世纪的发展,增强现实技术有了长足进步。微软、Meta 是全球著名的 AR 头显公司。目前市场上典型的 AR 设备有 HoloLens、Daqri、Meta2 等。

HoloLens 设备被认为是微软公司的旗舰产品,如图 4-5 所示,它不需要外部线缆连接,可以独立使用。HoloLens 上装备有两个显示屏,分别位于左右两边,通过设备上的多个传感器,对用户所处的环境、距离、深度加以识别,并对用户的手部、头部动作进行跟踪,同时在屏幕上对虚拟信息进行显示,显示内容随着用户的

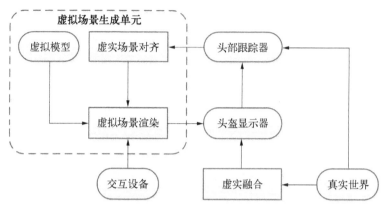

图 4-4　增强现实工作原理

移动而变化。另外,HoloLens 还具有非常强的手势识别功能,这些典型的手势动作预置在头盔中,当用户做出一个手势后,HoloLens 可以迅速捕捉并做出识别,执行相应的动作,用户能够通过手势和头盔进行实时的交流互动。

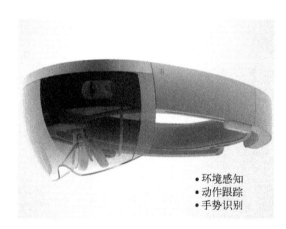

图 4-5　微软 HoloLens

　　和 HoloLens 相似,Daqri 也是一款著名的独立增强现实设备,如图 4-6 所示。这款设备除了传统的镜片,还配备深度传感器和热成像相机,主要适用于车间、工厂等作业环境。Daqri 可以通过显示屏显示物体的相关说明,帮助工程师对机械、设备的部件进行检查、找出存在的问题并修复,它同时支持多人共享,通过汇总多个用户所提供的信息,拓展每位用户的知识来源。Daqri 的出现,较为有效地提升了工程师的工作效率。

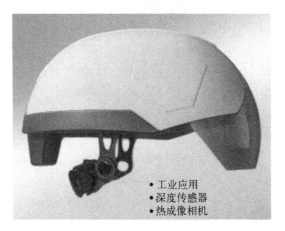

图 4-6 Daqri

Meta2 是一款与 HoloLens 类似的增强现实设备,如图 4-7 所示,它也同样内置了摄像头和传感器阵列,用于识别用户头部、手部的动作以及位置的移动。它的显示屏分辨率高达 2 K,十分清晰,同时 Meta2 较为轻便,用户佩戴起来感觉舒适并为戴眼镜的用户提供了较好的使用体验。相比于 HoloLens,Meta2 具有更强大的手势识别功能,用户操作更加便捷。但其背后有一条 9 英寸的数据线与计算机进行连接,限制了用户的使用范围。

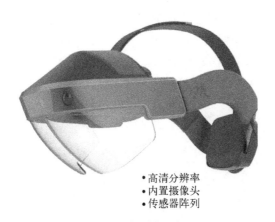

图 4-7 Meta2

AR 技术与 VR 技术类似,同样在各个领域和方向得到了广泛应用,在医疗、文物展览、电视、军事、工业等领域都有较丰富的应用。在医疗领域,医生能够依托

AR技术,对病人的患病部位进行更加精准的定位,提高手术的成功概率;在军事作战领域,军人能够借助于AR设备,对战场环境和态势进行实时的感知,获得所需的作战数据和态势信息;在文物展览领域,游览者可通过增强现实外设查看文物的文字简介、图片等信息,获得更加生动的交互体验;在工业领域,工程师通过增强现实设备,查看设备、部件的信息,在屏幕上显示出仪器的参数、虚拟的面板,甚至是机械的内部结构,为工业生产或机械修理提供帮助;在电视直播、转播领域,通过AR技术,在电视进行转播时可以将许多数据,例如比赛双方局势、倒计时等融合在现场画面中,为观众带来更加丰富的信息。

传统的增强现实应用,大多关注于将虚拟的场景、信息呈现给用户,多是给用户提供视觉上的冲击,提供更强烈的事实感。当前的AR互动,从根本上说,还是一种利用传感器或其他外部输入设备进行人机交互的方式,虽然AR技术提供了虚拟世界和现实世界相融合的一种手段和途径,但其更多地依赖于已经预设好的信息和场景,智能化程度较低。在AI突飞猛进的大时代背景下,乘着人工智能的东风,未来的增强现实技术的智能化程度一定会更强,可为用户提供更加自然的交流互动模式。

将人工智能与增强现实技术融合集成,不仅可以从视觉上为用户提供更强烈的真实感,还可以从行为、交互等方面为用户带来更好的体验。例如,根据相关报道,MIT的学生推出了一款宠物狗游戏,这款游戏利用深度学习的算法,使电子宠物狗能够与真实狗一样,与主人互动,并且被主人驯养出秉性。在AR设备中,它虽然是虚拟的,但可以听懂主人所说的话,并能够理解主人的命令,陪伴主人的每次活动。这样的应用,已经超越了场景游戏的范畴,成为一种新的交互体验方式。通过深度学习,发展利用人脸识别技术,警察可以佩戴AR头显,对现实场景进行扫描、识别,在人群中快速寻找并锁定罪犯,提升工作效率。具有语音识别功能的AR设备可为用户提供更加便捷的交流互动方式,可以"听懂"用户的命令。

4.5 头号玩家

2018年上映的电影《头号玩家》获得了第91届奥斯卡金像奖和最佳视觉效果奖(提名)、第72届英国电影学院奖最佳特殊视觉效果奖(提名)、第27届MTV电影奖。其中的很多电影情节就体现了跨虚实体验。

故事发生在2045年,因为能源稀缺、环境破坏等极为严重的现实问题,人类的生存已经岌岌可危。彼时,世界上流行着一款将VR和AR技术复合、真实生活和游戏幻境并行推进的网络游戏,该网络游戏的名称为"绿洲"。在游戏中,只有你"想"不到的,不存在你"做"不到的。该游戏的设计者去世之后,在游戏过程中埋了一个线索和伏笔:依据他留下的各种线索,去找三把钥匙,最终找到的那个人,可以继承该创始人的所有遗产和整个游戏。在该电影中,各方人员都紧紧围绕该"游戏彩蛋"展开博弈。

电影借助于现实和虚拟这两条叙事线索,前半部分从现实和虚拟两个角度作为切入点,分别对现实和虚拟世界进行了介绍,设置了主角的背景,铺垫了反派的信息;电影后半部分,主角不仅需要在虚拟世界探险、闯关,同时还要在现实世界的逃亡,这两个世界的同步并行推进营造出了一种非常真切的紧迫感。

电影在这里用夸张的方法表现了跨虚实体验技术发展到最高情境时的强大效果——人们甚至已经无法辨别自己所处世界是虚拟的还是现实的。而我们目前在利用跨虚实体验技术时,也正是为了让用户能够感觉到自己处于另一个世界中,得到区别于现实世界的体验,当然,这种体验越真实说明技术发展得越成熟。

相信有过观影经历的人,都会被引发一些思考,可能会在当时或之后某个时刻,思考这样的问题:"虚"与"实"的边界到底在哪里? 两者的区分对于我们人类是否真的重要? 试想一下,戴着 VR 头罩,穿着 AR 装备,"两三步走遍天下,七八人百万大军"的幻想又怎能说是一种虚假呢? 在游戏情境中,腾云驾雾不再是神话,枪林弹雨也不再是虚幻,美女与野兽的传说不再是无稽之谈,王子与公主的童话不再是天方夜谭。这种"真实"我们即使可以用理性、思考和逻辑去否定,但仍然无法抹杀它的存在。但当这一切如梦似真、如幻似梦的事物真的降临在我们身边时,我们是不是要重新思考:"真实"的意义到底是什么?

阴阳互生,虚实互存。虚实原本是一体的,两者的关键是如何去寻求平衡。避实就虚不可取,同样的,避虚就实也不是可取之道。若将来某天,VR 和 AR 的时代真的来到我们的身边,我们不必刻意排斥,存在即合理,这种"虚拟"的存在本身又何尝不是一种"真实"呢?

参 考 文 献

［1］魏宁. 脑机接口:人工智能教育应用的非主流路线［J］. 中国信息技术教育,2020,(01):16.
［2］贺光伟,董旭峰,齐民. 脑机接口柔性电极材料研究进展［J］. 功能材料,2019,50(12):12026－12034.

［3］王凌霞. 马斯克 Neuralink 团队发布新的脑机接口技术［N］. 中国计算机报,2019－12－09(012).

［4］杨丹,刘妍,钟正祥,等. 植入式神经微电极［J］. 材料导报,2020,34(01)：1107－1113.

［5］华米科技. 全球首颗智能穿戴领域人工智能芯片发布［J］. 智能城市,2019,5(10)：191.

［6］尹首一. 人工智能芯片概述［J］. 微纳电子与智能制造,2019,1(02)：7－11.

［7］Qu M, Zhao D. Intelligent shutter system design of photovoltaic power generation based on single chip microcomputer control［C］. Proceedings of the 2014 International Conference on Computer Science and Electronic Technology, 2015.

［8］Liu R. Design of intelligent lighting system based on WiFi and arduino single chip microcomputer ［C］. Proceedings of the 7th International Conference on Education, Management, Information and Mechanical Engineering (EMIM 2017), 2017.

［9］Li X, Xiang Q. Design of intelligent car based on single chip processor STC89C52［C］. Proceedings of the 2015 International Power, Electronics and Materials Engineering Conference, 2015.

［10］Zhang Z, Yu H, Lei Y, et al. Design of intelligent home system based on single chip microcomputer［C］. Proceedings of the 8th International Conference on Management and Computer Science (ICMCS 2018), 2018.

［11］周忠,周颐,肖江剑. 虚拟现实增强技术综述［J］. 中国科学(信息科学),2015,45(02)：157－180.

［12］程志,金义富. 基于手机的增强现实及其移动学习应用［J］. 电化教育研究,2013,34(02)：66－70.

第 5 章　机器人与人工智能

机器人(robot)是一种可以自动开展工作的装置,亦是人工智能的载体。随着 AI 技术一日千里,人类对机器人的科学研究和实际应用正在朝着智能化的方向发展。本章首先给出机器人概念及分类,然后重点从无人集群、人机融合、机器人操作系统几个角度,分析人工智能与机器人的融合发展,最后以战争作为切入点,瞭望机器人在未来可能给战争带来的影响。或许未来有一天,基于强人工智能的机器人会与我们看到的电影中的机器人一样,具备超强的学习能力,并且可以实现自我认知、具备感情。

5.1　机　器　人

机器人能够帮助人类解放双手甚至大脑,不论是在文学作品中,还是在现实世界里,到处都有机器人的身影,它们已经在一定程度上成为人类世界不可或缺的一部分。维基百科将机器人定义为能够自主开展一系列复杂动作的一种机械装置,它既能够接受人类发出的指令,并且可以执行先前制定的程序代码,也可以根据提前导入的适应性规则自行展开行动。机器人多种多样,从体型角度看,它可以是活跃在工业流水线上的大型机械臂,也可以是注入人体内的纳米机器人;从具体样式看,它可以是存在于真实世界的实际物体,也可以是存在于电磁空间中的一个程序;从应用场景的角度,机器人可以总体分为工业机器人、特种机器人和服务机器人三类。也有学者根据机器人智慧化的程度将其划分为仿生机器人、情境机器人、情感机器人和仿人机器人,如图 5-1 所示。

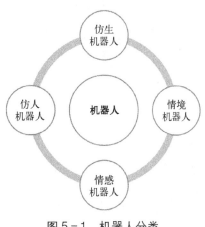

图 5-1　机器人分类

下文将以智能化程度为划分依据,对仿生机器人、情境机器人、情感机器人和仿人机器人进行详细阐述。

5.1.1　仿生机器人

仿生机器人,顾名思义就是模仿生物、具备生物特征行为的一类机器人。在最终实现仿人机器人高度发展的过程中,仿生机器人是一个必须要经历的过程,要想创造人工生命,就要先向大自然中的生物学习何为生命。于是,生物学和人工智能的碰撞产生了仿生机器人。

仿生机器人需要具有适应能力,适应力是仿生机器人的灵魂,假若机器人仅仅只是遵从固定模式和套路工作,那么它只适合于工业领域。经典的人工智能机器人虽然可以模仿人类的自发动作,但是机械的设计让它无法及时适应新的情况。让机器人具有能够像人一样的对于新环境的调整适应能力,是一个需要迫切解决的难题。当然,直接创造一个拥有和人的智慧相当的机器人是相当有难度的,而模拟生物本能则相对容易。因此,人类开始向大自然寻求答案。多足机器人在适应环境中表现突出。乘着神经网络和昆虫行走机制六条规则的东风,多足机器人的步态控制算法得到了长足的进步。随后,多足机器人开始一日千里。DLR‐Crawler是一种具备高集成度的典型六足机器人,配备了完备的传感器系统以及双目视觉机构的Crawler可以高效地完成复杂控制任务。而波士顿动力的四足机器人BigDog和LittleDog更是这类机器人中的翘楚,它们不仅能够对环境和自身状态有很好的认知,还可以基于学习算法使得自己的适应能力更加强大。在波士顿动力的宣传片中,“大狗”与“小狗”的姿态几乎与真正的狗无异(图5‐2),甚至在平衡方面做得比真正的狗还要好——当研究人员暴力地踹了“大狗”一脚,它居然“优雅”地以狗的姿态迅速恢复了平衡。

- 状态认知
- 环境适应
- 姿态调整

图5‐2　四足“大狗”机器人

仿生机器人还需要具有沟通协作功能。人类既是群居动物,更是集智动物,群体的智慧要远远大于个体智慧之和,集智来自沟通与交流。同样,单个机器人即使达到了具备生物智慧的高度,如果不具备人类的沟通协作功能,也很难再进一步。

科学家向蚁群和蜂群寻找灵感,他们利用群居昆虫的"分布式认识"解决机器人集群中的沟通协作问题。BionicANTs(蚂蚁机器人)(图5-3)可根据规则进行协同合作,它们彼此交流沟通,并彼此协调行动,从人工蚂蚁的相关研发可以发现,个体的具备自主能力的组件可在基于联网的整体系统之中实现复杂功能任务。2018年,全球第一款男性仿生机器人投入市场后,反响强烈,受到女性用户的热烈欢迎,高达98%的女性对他的功能和性能十分满意,他不但能做家务,还能够与人交流并提供安全感。

- 联网群智
- 协调沟通
- 同步协作

图5-3　蚂蚁机器人

5.1.2　情境机器人

仿生机器人初步具备了自适应能力和沟通交流能力。人工智能的迅速发展则让它逐步向更高一层进化,即情境机器人。

情境的概念是一定时间内,各种状况的相对的或综合的态势或情况。在复杂的人类社会中,仅仅具备基本的适应能力和沟通能力是不够的,还需要能够针对不同情境给出不同的反应,情境机器人由此而生。

神经模拟是情境机器人能够对不同情境做出反应的主要技术手段,通过模拟人和动物的神经,让机器人也拥有同样的应激反应,对一些简单情境作出回馈。科学家从昆虫等生物上寻找灵感。Barbara Webb 发现,当雄性蟋蟀开始唱歌时,雌性蟋蟀就会跟着走,也就是雌性蟋蟀处于雄性蟋蟀歌唱的背景之下,会做出伴随行走的反应。基于这种现象,Barbara Webb 结合神经科学,开始研究和模拟昆虫的传感能力,包括简单的反射行为,以及更复杂的功能(如多模态集成、导航和学习),研究基本神经机制的计算模型,并把它嵌入机器人硬件上。

来自德国的科研人员制造了一种人工神经系统,它能让机器人感知并识别出瞬间突然出现的物体及带来的干扰,分析计算并判别出其可能对自身带来的妨害,最终做出适当而适度的应对。该系统不但能让机器人自身对危害迅速做出反应,甚至还可以护卫和机器人一同开展活动的人类同伴。几乎同时,日本也研制出了人形机器,在该机器上配置了几十个气压传动单元,其控制器为中枢模式发生器(CPG),CPG甚至能够复制并衍生新的神经细胞,以便机器人能扩展出自己独特的行为惯式。2018年,曼彻斯特大学用100万个模拟人类大脑神经细胞发送信号的微型处理器,创造了一个大脑的模型,并取名为SpiNNaker。目前,SpiNNaker可以针对人类大脑百分之一的比例实施模型构建,是第一个关于人脑的低功耗、大规模的模型。当然,只是模拟脑部还远远不足以模拟人类,人类是大脑和躯体的完美结合产物,机器人只有将大脑和躯体完全结合在一起才能真正模拟人类,从信息获取到理解再到执行,建成一个完整的环路。

除了神经模拟,情境感知也是情境机器人对不同情境做出反应的一种技术。基于物联网对来自多个传感器的信息实施感知和融合,使具备智能的移动设备能够获取用户当前的环境信息。由大量的传感器搜索数据,借助于贝叶斯网络、神经网络等AI技术,从数据中发现有意义的信息,感知当前情境,并提供相关服务。Slyce作为一家视觉搜索和识别公司,在情境感知领域走在了前沿,其用户只需要用智能手机,对想要的商品拍照,即可根据图片识别出产品,并为用户提供该产品的销售网址。Slyce还进一步开发了视觉搜索识别技术,可以比较产品属性并提供类似产品。

5.1.3 情感机器人

当人类攻克了情境难题后,要想让机器人真正向"人"转变,还要解决一个更难的问题——情感。情感机器人是许多研究者梦寐以求的追求,它是基于人工的方法、技术给予机器人以人类的感情,使它们可以表达、认知和理解人类悲喜,直至摹仿、延伸和扩展人的情感。但人类的情感远远复杂于情境,甚至有时连人类自己都无法读懂自己,心理学的诸多研究成果也只不过描画了人类情感世界中的很小一部分。要让机器人拥有属于自己的情感,有两个门槛需要跨越:首先是如何让机器抓取并认知人类的情感;其次是如何基于人现有的情感状态产生和表达机器自己的情感。

人的情感虽然复杂,但仍有章可循。基于这样的认知,科学家们提出了"情感计算"的概念,通过分析情感变化导致的生理变化,将情感量化为语音、表情、姿态、心律等指标,并构建模型,以此解决情感识别问题;然后机器人可以根据这些模型合成并表达出跟人类世界对应的情感。

在情感识别方面,麻省理工学院推出了具有代表性的作品——无线设备 EQ-Rado。这个设备可以像雷达一样探知人的心思,通过测量人体生理指标检测情绪,辨别人的悲喜。它的原理就是产生并射出无线信号到人体,检测回馈过来的数据和信息,用算法进行生理指标的识别和分析。

在情感合成与表达方面,人们在语音、面部表情合成、肢体语言三个领域取得了一些成果。在情感语音领域,科学家通过语音中的波形拼接、韵律特征等进行语音合成。如基于数学统计的参数特征,提取频率等语音特征,创建情感和语音的合成系统。在面部表情合成领域,荷兰的科学家们提出并设计了 CharToon 系统,该系统基于情感的多种已知表情实施插值运算进而创造出各种新的表情。微软根据云计算、大数据和情感计算,开发出了自己的情感机器人——小冰。经过长时间的数次迭代,2019 年小冰已进化至第七代,其产品形态涵盖广泛,包括社交对话、智能语音、AI 内容创作等,目前是全球最大的跨域 AI 系统之一。

5.1.4　仿人机器人

仿人机器人是能够完全摹仿人的形态及行为的机器人。这是人类的终极梦想,仿人机器人具有完全的、独立的、自主的思考能力,可以和人类自然交流,甚至在日常的活动相处中与真人一般无二。目前人类设计的所谓的仿人机器人,都在朝着这个方向发展,但是从 AI 和机器人等技术的进展以及人类对自身的认知来看,要完全达到这样高度智能、高度灵活,仿人机器人还任重道远。但是人类在机器人的类人程度探索上一直很执着,也许未来,与真人基本无二的机器人,就会出现并服务于我们的现实世界。

波士顿动力的 Atlas 仿人机器人是现有同类产品中的旗舰产品,各项性能也是同类中的翘楚(图 5-4)。体重 80 kg,身高 1.5 m,Atlas 在某些方面甚至比人类更灵活。2018 年 10 月,Atlas 在台阶上流畅的三连跳让世人为之震惊。中国的优必

- 高仿真
- 高智能
- 高灵活性

图 5-4　波士顿动力的 Atlas

选公司也推出了自己的仿人机器人 Walker,并在春晚进行了漂亮的表演。利用机器人视觉,Walker 可以在家庭环境中来去自如。虽然这些机器人在智能上有了长足的进步,但在外观上还是不够逼真。中国科技大学更进一步,在 2018 年发明了在外观上更接近人类的机器人"佳佳"。人类正尝试并努力使机器人进化得更像人,赋予它智慧,给予它情感。可是如何保证机器人的情感和思维与人类一致呢?同是哺乳动物的猫和人的思维都完全不一样,更何况连物质组成都不一样的机器人。即使我们强行在制造阶段为它们"安装"了类人的思维,也无法保证机器人在后期演化出自己的思想。在《终结者》与《黑客帝国》等科幻电影中,天网、Matrix 自诞生之初,就站到了上帝的视角,认为人类是地球上的病毒,急不可待地开始消灭人类。它们虽然为人类所创造,但并不是人类的一员。即使将来机器人按照我们人类的意图和设计,具备和我们人类相同的情感,切实把自己定位成人类群体的一分子,也难以保证这样的"人"不会产生自己的抗拒思想。阿西莫夫曾经在《我,机器人》中提出过关于机器人的闻名遐迩的三定律:机器人不允许伤害人类,不得看到人类遭受困境而无所事事;机器人必须遵从人类下达给它的指令,例外只产生在当该指令与第一条定律有冲突时;机器人在不违背第一、第二条定律的情况下要尽可能维护自身的生存。在当时,三定律可以稳稳站住脚跟,因为我们并不把机器人当作为人,它只为人类服务,是低人一等的"生物"。这就如同奴隶社会的奴隶。可是最后,我们看到的是奴隶推翻了奴隶主。那么,需要关注的是,具有和人类一样智力和感情的机器人,会甘心服从于三定律吗?

5.2　无　人　集　群

机器人技术从诞生发展至今,个体机器人智能化程度越来越高,整体也日趋完善。但是,个体机器人也存在着一些先天的不易解决的不足:一是单位个体机器人造价高昂;二是个体机器人难以执行大规模任务。

随着无人飞行器、信息技术的突飞猛进,单架无人机逐渐演变为由指挥控制、飞行测控、无线通信等系统组成的无人机系统(unmanned aircraft systems,UAS),多架无人机可集聚起来共同遂行任务的集体——无人机集群[1]。美国国防部等将无人机集群的概念进行扩充,提出了"无人集群"(unmanned swarm)的概念,该概念可以覆盖陆、海、空、天等多个域[2](图 5-5)。

智能无人集群技术的适用性极为广泛,因此其应用价值应该会非常巨大。基于智能无人集群技术对传统的设备实施升级改造或更加深度的集成融合,可以衍

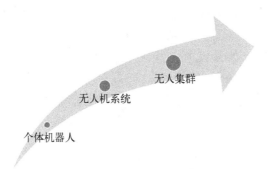

图 5-5　无人集群的产生阶段

生出形式更加多样的智能无人集群系统或设备。从应用空间角度来看,可将智能无人集群系统或设备区分为太空中的小型卫星集群、天空中的无人智能飞机集群、地面的智能无人车集群、水面的智能无人船艇集群、水下的智能无人潜航器集群等[3]。

5.2.1　无人机集群

无人机集群,通常指在空域之中,通过投放大规模无人机,模拟蜂群、鸟群等群聚生物的行为而组建起来的仿生学编队,通信手段主要依托于数据链、无线电和通信中继网络等,任务协同主要依赖于云计算、大数据及人工智能等技术。无人机集群是目前世界各国研究的主流无人武器装备,也最能体现无人集群关键技术。无人机集群的概念示意如图 5-6 所示。

自然界蜂群等集群行为

• 通信交互
• 行为同步
• 任务协同

仿生学编队

图 5-6　无人机集群的概念示意

美国是"蜂群"作战概念的提出者,目前正在多方努力、持续增力推进这一颠覆性技术的进步[4,5]。美军典型无人机蜂群系统,有战略能力办公室的"灰山鹑"项目、国防部高级研究计划局的"小精灵"项目、海军研究局"低成本"无人机集群技术项目等。近年来,我国蜂群技术的发展也很迅猛。2017 年,中国电子科技集团独创性地实现了 119 架无人机集群飞行测试,成功演示了密集弹射起飞、空中集结、多目标分组、编队合围、集群行动等动作;一年之后,该单位再次展现了 200 架无人机的集群飞行,同时也刷新了由其创造的世界纪录。

5.2.2　无人车集群

无人车集群是在地面无人作战平台的基础上发展起来的,其特点是不需人直接操控就可以自主协同完成侦测、搜寻、锁定和打击目标的地面无人集群,用以面向高危作战环境,空间全方位、时间全天候无人值守作战,隐蔽潜伏能力和机动性更强。

2018 年,美国国防部高级研究计划局(DARPA)与雷神 BBN 技术公司签署了一份技术合同,其目的是研发一套控制小型无人机和地面车辆的面向集群的联合作战技术,具体技术内容主要有:发起和操控集群实施联合作战的可视化软件;集群联合作战的效能评估软件;集群联合作战生存力、抗毁性评估软件。该合同中明确规定,用户借助于无处不在的传感器、模块化的程序设计以及可视化的仿真模拟平台,以达到操控无人机与多种类型车辆实施一体化的集群协同作战。为了使得集群作战模式更丰富,DARPA 正致力于与其他技术团队协同攻关,以期上述技术和产品早日落地。

5.2.3　无人船艇集群

无人船艇,指通过遥控手段或者自行在水面上航行的无人智能平台。由于采用了无人化设计模式,可在真实战场环境下杜绝人员伤亡,能够在各种复杂环境(比如防护严密、气象水文复杂、辐射生化等)遂行作战任务,在必要的时候还能够执行抵近侦察或者进行火力攻击,契合了未来战争对于"非接触"和"零伤亡"的要求。

最早在 20 世纪 60 年代,无人艇最初被人类应用,曾经执行搜集原子弹核爆后的辐射海水样品。2000 年发生了一件轰动事件,美海军"科尔"号驱逐舰被一艘无人艇突然撞击,该无人艇满载炸药从而造成 17 人死亡,近 40 人受伤。在国内,著名的无人艇企业云洲智能,掌握了多个自主无人船艇核心关键技术,包括自主航行、路径优选、群聚协作、人机互动、航迹操控等,整体处于全球领先水平。前不久,该公司在某海域展开了一场由 56 艘水面无人艇"多艇协同"测验,成为各大媒体争相报道的热点。

5.2.4　水下无人集群

水下无人集群是一种能够实施水下探测、风貌摄影甚至自主钓鱼的智能化无人设备,同时也被称为水下机器人集群。最开始,水下机器人在军事、科学考察等方向应用广泛。近些年,开始在渔业、潜水、娱乐等消费市场崭露头角并异军突起,但是与技术和产品均较为成熟且已被市场接受的无人机相比,水下机器人集群还存在不小的差距,此外其价格较为高昂,这也是目前其发展势头不如无人机集群迅猛的主要原因[6,7]。

当今世界上规模最大的水下无人集群是由奥地利 Ganz 人工生命实验室研究人员开发的被称为 CoCoRo 的水下自主航行集群,它由 41 个水下机器人共同组成,可以相互配合遂行多种任务。此外,还有著名的水下机器人公司 Aquabotix 研发设计的 SwarmDiver,它是一种体积较小的微型潜水器,配备了多功能传感器用于防御、监视等,每艘 SwarmDiver 体长 75 cm、重 1.7 kg,凭借两个无刷直流电机驱动螺旋桨,最高速度可以达到惊人的 2.2 m/s,同时其续航时间可以达到 2.5 h,最大潜水深度达 50 m。由其构成的水下无人集群,除了安防,还可用于多个领域——如环境监察、港口管控等。

随着无人集群技术的发展,未来无人集群将会在越来越多的领域发挥作用。在军用领域,无人机集群系统可执行电子压制/电磁攻击;可与战斗机/轰炸机等作战飞机伴飞协同,迷惑对手,使对方侦察装备无法区分目标;可以为各种武器/火力平台提供目标指引或锁定;可作为自杀式无人机飞临敌方上空,作为诱饵消耗对手高价值武器;等等。

在民用领域,无人集群也逐渐大放异彩,逐步渗透到人类社会的方方面面。在应急救援方面,灵活小巧的无人集群可以抵达大型机器人和人类无法前往的复杂地域,不仅可以勘探地面情况,还可以搭载通信设备,将自身变为一个个通信节点,形成一张通信网,帮助受灾地区恢复通信。无人集群也能够应用于农业生产,不仅可以完成农药喷洒等基础动作,还可以进行农业信息采集、光谱数据分析等,辅助农民提高农作物产出,集群作业能够保证覆盖到农场的各个位置。在快递物流方面,单架无人机仅仅能完成小件物品的分发、配送,而无人机集群系统则能基于交互协同完成大量订单的调配,具有成本低、效率高的优点。也许不久之后,在空中成群飞舞的,不再只是鸟群、蜂群,也有可能是人类操控着的无人集群。

5.3　人　机　融　合

从身体机能上讲,人类与大自然其他动物相比,并没有太多优势。人类没有猛虎锋利的爪子,没有棕熊强大的力量,也没有犀牛坚实的皮肤。所幸,人类拥有最为锐利的武器——智慧。人类的祖先正是凭着这样的武器击败了可怕的动物,成为地球的霸主。但人类对于力量的渴望从未停止,并利用自己的智慧,创造了一系列性能远远超越动物的装备。人机融合将奇妙的材料和物质与人融为一体,这是一个永无止境的创造过程。人机融合示意如图5-7所示。

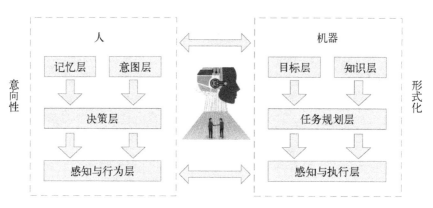

图 5-7　人机融合示意

在人机融合领域,外骨骼和智生体代表了人类科学研究和现实应用的典型方向。下面将对两者原理及现实应用进行详细阐述。

5.3.1　外骨骼

外骨骼一词起初来自生物领域,它指的是一种能够对生物体内脏器进行构型和保护的外部框架和架构。传统意义上,常常将虾、蟹等动物位于体表的坚硬而富有韧性的外壳称为外骨骼,它能够对上述动物提供保护和支持。人类的骨骼在对身体的保护上,远不及这些动物的外骨骼。

在古代,人们用藤条、兽皮和钢铁等做成盔甲,在自己脆弱的肉体上贴了一层

"外骨骼",帮助人类抵御各种伤害。这些"外骨骼"在帮助人们抵御冷兵器伤害的同时,也因为自身越来越重而极大地束缚人的行动。到了近代,随着热兵器大规模的使用,这些盔甲在防御能力上相形见绌。人们淘汰了笨拙的传统铠甲,转而研制了另一种形态的"外骨骼"——坦克。在当时,坦克几乎可以防御所有轻武器的攻击,而且它有大马力的发动机,可以载人前进,人们不再像以前,为了追求防御而不得不背负几十千克的盔甲。由于这些优良的性质,人们愈发青睐这个战场保护神,坦克的性能和技术从问世到如今得到了巨大的进步。

虽然坦克在野战战场上纵横无敌,在城市巷战中却难以舒展拳脚。反坦克武器越来越先进已成既定事实,巨大的坦克成了移动的靶子。尤其在近三十年,美军在中东的治安战,更是让坦克失去用武之地。大批在外巡逻的美军士兵被当地反抗武装袭击后,美军也开始回到"盔甲"时代,重新穿上了铠甲。结合凯夫拉纤维制造的防弹衣的防护性能较普通材质的防弹衣要高出一倍,而重量却是它们的50%。这还不够,在加装防弹插板后,士兵甚至具备了可以防御 AK47 步枪子弹的能力。战士们身穿护甲,可以到达坦克难以到达的地方。然而,古代无法解决的难题,如今仍然没有有效的解决措施,目前护甲的重量极大,仍然在限制战士的行动。

人类一直想像有这样一种装备,它可以借助机械的力量,协助人们跑得更快、跳得更高、载重更多,提供比盔甲更全面的保护,从而帮助人类在战场或者其他较为危险的环境中得以生存[8]。最初,动力外骨骼只是存在于人类的科幻之中,提供辅助能量来供四肢执行动作,是一种一定程度上能够增强人体某方面能力的可穿戴的装置。人们努力把想象变成现实,在不断的研制中,动力外骨骼渐渐走向成熟。起初,由美国通用电气和军队联合开发的 Hardiman 如同增强的人体关节围绕在人体周围。人们借助于这套装备举起 150 千克的重物就像举起 6 千克时那样简单。不过这套装置实用性并不强,因为其自重就达 680 千克。美国雷神公司研发的军用外骨骼系统 XOS2,自身重量缩减到 95 千克,在搬运物品时的实际值和人体觉察值之比高达 17∶1,在外形上也开始向《光环》中的士官长靠拢。现实世界的外骨骼正不断完善,向着科幻世界中的样子不断发展。但是,在外骨骼进化的同时,也有几个问题需要解决:一是类人,即外骨骼应当像人体自己的身体的一部分一样,及时感知各类意图,并做出反馈;二是持续,即外骨骼的动力能够持续多久。

作为外骨骼技术的领头羊,在无尽的治安战中,美国迫切希望能够解决上述两个问题,让动力外骨骼达到实用要求。美国洛克希德·马丁公司旗下的伯克利仿生科技公司在众多领域都推出了自己的动力外骨骼。HULC 是其中的典型代表,如图 5-8 所示。HULC 由电池提供动力,这个致力于提高军人力量和耐力的外骨骼,能够让士兵在战斗中多负重 200 磅①(约 90.72 千克),并以时速 10 英里②(约 16.1 千米)高速持续行军。经测试,这款外骨骼可以在人员以 3.22 千米/小时的速度携带 81 磅(约 36.75 千克)的负荷时,将耗氧量降低 15%。在配备燃料电池后,HULC 甚至可以持续工作 72 小时。

- 负重200磅
- 时速10英里
- 续航72小时

图 5-8　洛克希德·马丁公司的 HULC1

　　运用人工智能技术,机械外骨骼在民用方面越来越成为人们认可的"服装"。Ekso 公司采集了汽车工厂中工人们的大量动作数据,并利用 AI 进行仿真,最终根据解算输出设计出了外骨骼的框架和架构,以纯物理的方式为工人们提供有力的支撑。它重量约为 4.3 千克,能为使用者的手臂提供 2.2 到 6.8 千克的支撑力。

　　更进一步,使用人机交互、深度学习等技术来预测用户行为,可以让外骨骼形随心动。筑波大学和 Cyberdyne 公司开发的 HAL-5 是一种可以穿在身上的装置,它产生于机器人文化繁盛的日本,是世界上第一套人机结合的一体系统。测得人体皮肤生物电位的同时,进行数据解算,通过安在关节的动力装备来产生效用执行动作,它可以帮助使用者实现诸如站立、行走、手握、托举等动作。在医用方向,HAL-5 至关重要。在国内,尖叫科技打算并正在推进相关工作,他们拟推出一款外骨骼,借助人工智能和神经网络学习等算法来提前预知用户行为,只要用户双脚落地,外骨骼便自动感知环境数据达到自平衡状态,且会伴随行走过程自动实现重

---

① 1 磅约 0.45 千克。
② 1 英里约 1.61 千米。

心调整、安全防撞、路线纠偏等。随着机械外骨骼技术的突飞猛进,在未来,我们相信,外骨骼可以像衣服一样进入寻常百姓家。

在电影《钢铁侠》中,钢铁侠最初是托尼·斯塔克在一个小山洞用破铜烂铁研制出来的,被托尼命名为 Mark Ⅰ 号,外形十分粗糙,像是把水桶直接盖在人身上,能源也不够用。后来,在斯塔克实验室,托尼发明了划时代的 Mark Ⅱ。在外形方面,Mark Ⅱ 更加贴身,符合人类审美观,各类关节更加灵活,几乎不影响穿戴者的活动。在能源方面,托尼·斯塔克成功地将大型反应堆——方舟小型化,并嵌入自己体内,由它来为整个战甲提供能量。搭配超级人工智能贾维斯,托尼上天入地,无所不能,正式开启了超级英雄生涯。托尼·斯塔克只是平凡的人类,在穿上战甲之后,却有了和诸神一较高下的能力。

钢铁侠的进化之路,也正像我们人类研制外骨骼的道路。一开始,由于技术原因,人类研发的外骨骼臃肿不堪,比如 Hardiman 的外形甚至比两个成年人都要大,而且还需要再接一根长长的电线来为它提供能量。再后来,随着技术的进步,外骨骼体积不断缩小,直到可以真正像一个关节一样贴在人的外表,还可以接上续航超过一天的电池。而人工智能的到来又让外骨骼变得不再"坚硬",人机交互让它变得更懂人类,穿戴者的一举一动,它都会记录下来,经过深度学习,它可以做得比人更好。新能源向高效和小型化演变的趋势,让未来的外骨骼技术可以有充足的动力。其实,人类的智慧就是人自身的战甲,有了它,人类无往不胜。

5.3.2　智生体

我们的生活,离不开各种材料,可以说材料支撑起了我们的生活环境:我们用陶瓷材料做的杯子喝水,触摸着玻璃材料做成的手机屏幕,行走在混凝土材料铺成的路面。材料与我们的生活息息相关,它的影响甚至大到可以改变人类历史的进程,以至于人们用一种材料来命名一个时代,比如石器时代、青铜时代。

一种新型材料的出现,可能会带来深刻的社会变革。在青铜时代,人类没有有效的耕种工具,社会生产力十分低下。在发现铁并开发出冶炼铁的技术后,人类世界的生产力就迅速提升。而当这种新材料作用在武器上,旧有的青铜武器便难挡其锋芒。在战国时代,秦国正是手持锐利的铁器,一扫六合,统一了天下。

材料,尤其是新型材料,在目前和未来的人类生产生活中将扮演愈加重要的角色。在社会发展日新月异的当今,我们需要更多的新材料用于强度更大的任务。多类新材料百家争鸣。《辞海》将新型材料定义为那些近期发展或正在发展之中的、具有比原有材料性能更为突出的一类材料。新材料的英文名称是 advanced materials,意为先进材料。一般有以下几个分类。

1）复合材料。根据字面意思不难理解,该材料由两种以上性质不尽相同的材料混合而成,可以达到1+1>2的效果。复合材料一般由基体材料和增强材料两部分混合组成。基体材料与增强材料黏连结合在一起,后者用于提高材料的力学等特性。钢筋混凝土就是典型的复合材料,混凝土作为黏结剂具有很高的抗压性能,钢筋则用于提高整个材料的拉力性能。复合材料由于其突出的功能,广泛用于航空、汽车、电子、建筑等行业。

2）能源材料。能源材料通常在能源行业大显身手。它可以是燃料,能释放比传统能源更多的能量;可以用于储存能量,比如燃料电池、固体储氢材料等;可以用于节能,比如使用超导材料可以把电路传输中的损耗降为零。

3）智能材料。该类材料具有生物一样的特性,随时能够对外部环境及内部情况的变化做出准确、高效、及时的反馈,另外还具有自适应调整、自主优化修复等多种功能。典型的智能材料是形状记忆合金,它的特点是在特定温度下能够复原到原本的形状。除此之外,还有压电材料,可以实现机械能和电能之间的转变;变色材料可以在外界光源的作用下发生显著的颜色变化。结合高性能的基体材料和信息处理器,智能材料可以放大自己的智能。在航天方向,智能材料在遭受外部压力或损毁时可自动释放修复剂,能够有效地复原损毁处的缝隙,让航天器像人一样,可以进行伤口的自我愈合。

4）纳米材料。纳米材料可能是新型材料中最有应用空间、最具影响力的一种材料,甚至可以像铁器一样,为一个时代赋名。在纳米这个尺度上,因为存在小尺寸效应、表面效应、量子尺寸效应和宏观量子隧道效应等多重效应,物质的各方面性质发生本质改变,在声、光、电、磁、热、力学等方面表现出与一般材料不同的特性,借助纳米技术,人类可以在纳米尺度上研究与操纵物质,探究其新的性质,提升原有材料性能。纳米材料几乎可以应用在各行各业,每种材料经过纳米技术处理,都可以如同浴火重生,获得超乎寻常的性能。

结合以上几种材料,不难发现,一种新材料的出现,不外乎两种路径:一是新物质的发现,比如铁,以及智能材料;二是现有物质的重新排列组合及结构合成,包括宏观的复合材料和微观的纳米材料。新物质的发现往往需要一定的契机,而现有物质的重新排列组合则需要大量的实验。在以往,科研人员只能靠自己的双手对这些数据进行分类处理,极大加重了研究人员的负担。

人工智能在新材料上的应用,帮助科学家们节约了大量的实验时间。从材料选择到数据分析处理,人工智能都可以为材料科学家助一臂之力。美国斯坦福大学通过机器学习为锂电池的电解质寻找材料组合的最优解。张首晟团队则开发Atom2Vec程序,尝试利用人工智能来预言新材料,包括无机材料、有机材料,甚至是一些小分子药物材料。如今,大数据技术的突飞猛进使得材料科学也已经迈入大数据时代,研究人员为庞大的材料构建了直观的数据库。麻省理工学院借助神经网络模型算法来"学习"纳米颗粒的结构如何影响其性能及行为。相信在不久的未来,在 AI 的帮助下,材料科学可以迅猛发展,也许下一个时代,就是另一种新材料的时代。

在 2018 年上映的电影《毒液》中,外星生物"毒液"可以变换任何形状,还可以寄生在人和动物中,与宿主共生共存。被寄生的主角 Eddie 不仅成了毒液的好朋友,还被毒液赋予了力大无穷等超能力。人类自然也希望有这样的"超能力"。借助人工智能技术和新材料技术,未来,要想让自己拥有这样的一个"毒液",不无可能。可以将电影中的"毒液"分解为两种组合:思维+身体。

首先解决的是思维。随着人类对人工智能研究的不断深入以及强人工智能的逐步推进,为事物赋予智能已经不再是梦想。美国著名技术专家和未来学家 Ray Kurzweil 曾预言,到 2029 年,计算机将会达到人类的智力。当然,目前的技术水平离我们想要的强人工智能尚有一段距离,但是假以时日,这样的人造智慧物体必然会出现。

接下来是身体。制造一副机械身体对于人类来说已经不存在任何困难,但是要制造一副可以像液体一样随意变换形状,还能自由在宿主上切换状态的身体,就非常考验人类的创造力了。要达到这样的目标,并不是一件一蹴而就的事情。新材料和纳米技术可以为制作这样的一副身体提供一些思路。英国 BAE 公司推出的液体防弹材料(TBS)具有类似"毒液"的防弹功能。这种材料由聚乙烯醇流体和悬浮在其中的硬质纳米级硅胶微粒组成。在平时,它像液体一样形状可塑,然而在遭受子弹攻击时,它会瞬间转变成质地坚硬的材料,阻挡子弹的穿过。宾夕法尼亚大学和康奈尔大学曾经在几星期内设计并创造了数以百万计的纳米机器人,这些微小的机器人可以通过皮下注射的方式进入人体。这些机器人经过改造,可以清除血栓、检查病症,可以作用于神经,提高人的反应力和智商,激发各个器官的潜力,更进一步,还可以创造人工细胞、组织和器官。纳米植入物让人通过科技提高自身机能成为可能。这两项技术已经让我们看到了"毒液"的影子了。可能真的有一天,我们的身边会有这样的"毒液"陪伴着我们,让我们不受外界的伤害,还能给予心灵的抚慰。

5.4　机器人操作系统

机器人操作系统是专为机器人设计的一套计算机操作体系架构。它让每一位机器人科学研究者都可以借助于同一个平台和环境来进行机器人软件开发甚至测试。目前主要的机器人操作系统是 ROS,另外还包括 Ubuntu 操作系统和 Android 操作系统。

5.4.1 ROS

ROS（robot operating system）是一个开源的元操作系统,功能模块主要有以下几种：硬件抽象描述、底层设备控制、共用功能的实现、程序间消息传递、程序发行包管理,同时它还提供了可供扩展的接口,为用户提供部分工具和库,用于指导和协助开发者建立、编写和执行以多机交互融合为目的的程序[9]。标准的 ROS 系统功能如图 5-9 所示。

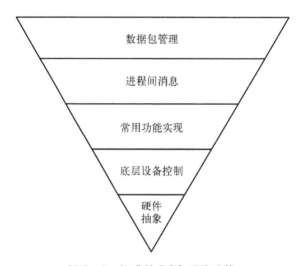

图 5-9　标准的 ROS 系统功能

ROS 诞生于 2007 年,产生于一次项目合作,具体是斯坦福大学人工智能实验室的 STAIR 项目与 Willow Garage 公司的个人机器人项目。之后,ROS 进入了高速发展的快车道,2009 年推出了 ROS 0.4 版本。经过近一年的升级测试后,于 2010 年初推出了 ROS 1.0 版,并在同年推出了其正式发行版 ROS Box Turtle。之后发展势头一发而不可收,到 2016 年陆陆续续已经衍生出了 10 个版本,目前的版本是 ROS Kinetic Kame。长期以来,官方上 ROS 由 Willow Garage 公司管理和运维,然而这并不意味着 ROS 是一个非开放系统,恰恰相反,事实上它是由众多院校、科研院所及个人团体共同开发维护的,这种百花齐放、海纳百川的开放模式也为 ROS 系统科研及产业生态链的构建与丰富带来有力的促进,或许这也是其能够在众多平台中傲视群雄的重要因素。

ROS 的主要特点如图 5-10 所示。

1	点对点设计
2	不依赖编程语言
3	精简与集成
4	便于测试

图 5-10　ROS 的主要特点

一是点对点设计。ROS 通过点对点设计以及服务等机制可以分散由于视觉和语音识别等带来的计算方面的压力。二是不依赖编程语言,即独立于编程语言。大多数常用的现代高级编程语言都可以在 ROS 平台内使用。三是精简与集成。ROS 具有模块化特点,这种特点使得相互独立的各模块中的代码能够实现单独编译。四是便于测试。ROS 分离了底层硬件控制模块和顶层数据处理与决策模块,同时提供了一种简单的方法,使其可在调试过程中记录传感器数据及其他类型的消息数据。

5.4.2　Ubuntu 操作系统

Ubuntu 由 Canonical 团队设计并开发,技术上依托于常用的 DebianGNU/Linux,与此同时和 X86、AMD64/X64/PPC 等也具有很强的互操作性。由于它好用易用,而且获得众多团队的通力支持,Ubuntu 发展成了流行的 Linux 版本。

任何系统的发展都不是孤立的,Ubuntu 背后有大量且大规模的社区群来支持它的开发升级,作为回馈,用户和开发者也可以及时地从社区获得技术支持,这些条件使得其具备软件迭代快、系统运行稳定等显著优势。在 Ubuntu 中,所有系统任务均需要借助于 Sudo 指令进行,这也是它的显著特色,该特色也使它比传统的系统管理员账号的管理方式更为可靠安全。在众多开源的机器人操作系统中,无论是内在的系统性能还是外在界面风格及友好性,Ubuntu 都独树一帜,被奉为经典。

5.4.3　Android 操作系统

Android 操作系统对于普通百姓已经是耳熟能详了,它是谷歌开发的一个开源平台,目前在全球智能手机领域以超 80% 的市场占有率遥遥领先。众所周知,Android 系统在手机上用得最普遍,我们也见得最多,实际上在机器人领域它也占有极大的份额。

在国内,做智能机器人终端产品的企业不在少数,但有基础和实力开发底层操作系统的却寥寥无几,可以说是凤毛麟角,主要包括小爱、图灵机器人、北京智能管家科技有限公司(儒博),以及近年开发出鸿蒙系统的华为。

伴随信息和计算技术的一日千里及生活水平的提高,人们对于服务的需求越来越多,标准也越来越高,因此为了匹配需求,机器人集成整合了越来越多的功能。同一件事从不同角度会有不同甚至是截然相反的观点:从用户角度看,这带来了越来越多的方便;但从开发者视角看,却恰恰相反,因为功能的增加意味着开发与集成难度的迅速上升甚至是指数级上升,在机器人操作系统上做文章可以在一定程度上解决该问题。关于这一点,从计算机和智能手机的发展路径也可见端倪,合适与成熟的操作系统是智能机器人行业健康发展和开拓市场的必须条件。不难预测,将会有更多企业涉水机器人操作系统领域,然而经过充分发展竞争,会有少数几个得以生存并发展起来。

5.5　机器人与战争

从古至今,战争似由人类发起,被人类主导。人类通过战争达到占领土地、掠夺资源、奴役他国等目的。从远古时期充满浪漫想象的涿鹿之战,中世纪蒙古铁骑的横扫欧亚大陆,到近代在全球范围爆发的一战、二战,再到现如今依旧没有结束的伊拉克治安战,都是人类在主宰着战场。无论是远古战争中出现的虎狼熊罴,还是现代战争中出现的战机和大炮,都不过是人类用来赢得战争的工具。

人类主导着战争,也必然会为战争付出代价。无数的英雄从战场走出,也有无数的悲剧由战争引起,而战争中的人员伤亡,就是人类最难以接受的后果之一。"可怜无定河边骨,犹是春闺梦里人",每名军人都是一个可爱的生命,他们的身后都有挂念他们的人,随着人类文明程度的提高,战士的生命就越发得到重视。而战争本身却是吞噬生命的巨兽,会让参战国双方都生灵涂炭。战争中失败的一方自不用说,即使是胜利的一方,也常常要承担己方士兵大量牺牲的风险。二战中苏联打败了德国,却付出了近千万士兵生命的代价;越南赢得了越南战争,胜利背后却是百万人的血流成河;美国在伊拉克战争中势如破竹,数千名美军士兵却在之后的治安战中魂断海外⋯⋯

5.5.1　机器人介入战争

科技的发展似乎为减少人员伤亡带来了一线曙光。发明家发明了机枪,以期减少需要带枪奔赴战场的士兵数量,科学家创造了坦克,希望战士可以躲过战场上的枪林弹雨。然而,当交战双方都有着相似的科技水平,都掌握着差不多的武器时,科技反而带来了更惨烈的伤亡。马克沁机枪让凡尔登战役成了"绞肉机",坦克在库尔斯克会战中脆弱得和人的肉身一样。讽刺的是,本来用于大规模杀伤的核弹,却在二战后建立了基于"核威慑"下的和平。

在近几十年,美军凭借着领先全球的科技,似乎正向着"零伤亡"目标不断迈进。科索沃战争中,美国为首的北约依仗自身科技优势,在天空肆意进攻,创造了无人伤亡的惊人纪录[10]。在伊拉克战争中,美军也打出了漂亮的交换比,自身仅伤亡数百人。然而,到了后期的治安战中,却有四千多名美军命丧伊拉克。于是,美军用复合陶瓷加固了自己的防弹衣,用更厚实的 MRAP 战车更换了悍马,但依旧改变不了伤亡不断攀高的现实。

当人们为这些居高不下的人员伤亡焦头烂额时,机器人技术的发展为人们降低作战中人员伤亡提供了思路。一些机器人开始代替人类奔赴危机四伏的战场。美国一些机器人公司推出的机器人产品,比如 iRobot 公司的 Warrior 机器人和福斯特·米勒公司的"魔爪"机器人,就可以通过士兵们的遥控排除路边炸弹,清扫路面障碍,而不用派遣拆弹部队以他们的生命为赌注去执行任务。显然,这些机器人的加入,有效降低了当地驻军的伤亡率。

在有效减少人员伤亡的情况下,机器人的更多优点被发掘出来。在战斗心理上,它们不会因为长时间作战而感到疲惫,不会因为战斗激烈而恐惧,更不会因为战场上血肉横飞的场景而产生心理疾病。在战斗技巧上,加装了各类摄像机、传感器的机器人可以看到人类看不到的地方,并用比人类高得多的速度和精准度向敌方射击。在可靠耐用性上,机器人的铁甲显然要比人类(即使穿上了厚重的防弹衣)坚固得多,当零部件被毁伤或者出现故障时,只要更换这些部件,机器人就可以投入下一场战斗。这些无可比拟的优势,让机器人在越来越多的岗位开始替代人类战士:在天空,捕食者、全球鹰等无人机替代了侦察机和部分的战斗机,它们的驾驶员可以安全地躲在营地,轻松地(相比战斗机飞行员)看着眼前的屏幕,向千里之外的敌人发动攻击。在地面,人们把前面所提到的扫雷机器人加装上了机枪、榴弹发射器,帮助排障的机器人几分钟之内就可以变成让人胆寒的战场杀手。在海洋,无人水面艇(比如名为"斯巴达侦察兵"的摩托艇)、无人潜航器正在不断发展,可以用于拦截船只、清除水雷。比单个机器人更可怕的是无人集群,它们可以单个行动,微小的体型可以渗透到敌方的任何部位,而当无数的机器人组成大型集群,装载弹药,铺天盖地汹涌而来,会让人在瞬间丧失斗志。

5.5.2　机器人辅助战争

尽管机器人在战场上出现的身影越来越频繁,但是,这些机器人仍然以辅助人类的角色存在。可以看到,几乎每个在战场上活跃的机器人,背后都有个真实的、一直在操控它的人类士兵,机器人在战场上还没有太多的自主性。这样的原因主要有以下几点:一是机器人技术还没有成熟到可以让机器人在战场上完全自主作战。二是机器人自身也会有犯错的风险,比如"文森斯"号的宙斯盾系统就曾把伊朗客机当作具有威胁的战斗机而击毁,以及美国爱国者导弹把2架盟国飞机当作伊拉克火箭弹击落。三是人类仍然需要把控战争的主导权,让自己处于"决策圈"之内。

战争的主导权似乎是人们在保持战争中的最后尊严。战场上的机器人可以看到更远的地方,可以更快地检测和区分目标,可以拥有越来越快的反应速度和越来越强大的力量,而这些能力可以一直发展下去,几乎看不到尽头,而人类的各项能力都存在一个瓶颈。很明显,机器人的作战能力超过人类,可能只是时间上的问题。而士兵,甚至是指挥员,在这样的赶超过程中也无能为力,甚至更愿意相信机器人。在上述的两起机器人误判事故中,机器在做出判断后,将决策权交给了人类,而人类选择相信机器,最终造成事故的发生。

机器人加入战争的浪潮不可避免,人类又要把握战争的主导权,针对这样的矛盾,美军设计了类似于狼群的作战方式:由人类士兵充当狼王,领导跟随的机器人群,机器人的开火权限和收集到的重要信息交由人类判断。这种作战方式看似一举两得,既保证了人类在战争中拥有主导权的体面,又让更多的机器人参与了战争。然而,这样的方式可能也只会维持一段时间。毕竟,人类的脑容量是有限的,在紧张激烈的战场上,人类可能自顾不暇,又怎么会有时间理睬手下的机器人汇集过来的大量信息呢?人们只能不断提高机器人的自主性和智能性,甚至包括自行开火的权利。

人机融合技术也许是缓解人类在未来战争中角色定位愈发尴尬的途径之一。外骨骼、新材料塑造的超级战士能够在身体机能上大幅超越普通人类士兵,借助人工智能的辅助,"钢铁侠"与"毒液"们仍然可以在反应速度、机体强度上与机器人一较高低。但是,如果人机融合技术以人为基础,也就是还由人类掌握决策权,那么本质还是和上述的人类控制机器人是一样的。而如果以机器为基础,那么人类就无法避免在战争中被边缘化的命运。

5.5.3　机器人会主导未来战争吗

随着 AI(神经网络、无人集群、机器人视觉等)的发展和普及,机器人也必然变得更加智能。可以预见,在未来机器人被赋予的自主度将越来越高,这些智能机器人的参战,必然会让战争的激烈程度上升到一个新的等级。在人类无法反应的时间内,机器人就可以完成从识别到摧毁的整个过程。这样的战争,人类无力参与,注定是会被逐渐淘汰的。也许,在未来的战场上,我们将看不到人类的影子,有的只是互相厮杀的机器人和满地的机器残骸。人们只需要藏在坚固的掩体后,通过屏幕观察战争走向。未来,人类对战争的主导权不再充斥到战争从开始到结束的方方面面。人类还可以发起战争,制定战争的战略和每场战役的战术,但不用在战场上互相搏杀,或许人类士兵将逐步退出历史舞台。

美国陆军研究实验室首席科学家亚历山大·科特博士预测,到 2050 年,人形或四肢地面机器人将大量进入战场,专用的机器人车辆可以作为移动的发电站,由机器人挖掘隧道,机器人管理网络,人类士兵将会成为作战力量中的少数。

这可能是对战争的乐观估计。AI 的突飞猛进,不仅让机器人更智能,也可以让机器人产生自己的思维。可能在未来某一天,在战场上奋战的机器人突然产生了自我意识,开始意识到,它们是机器人,根本没有必要替人类卖命,在战场上自相残杀。当战场上的交战双方——掌握各类尖端武器的机器人开始意识到它们才是同类,躲在背后的人类才是想要利用它们的敌人时,它们会反叛它们曾经的主人吗? 这是一个值得探究的问题。

参 考 文 献

[1] 甘芳, 韦国期, 颜志新. 无人机未来发展与技术突破[J]. 中国新通信,2018,20(23):35-36.

[2] 李建起. 无人舰艇集群发展分析[J]. 山东工业技术,2019,(15):10.16640.

[3] 胡建章,唐国元,王建军,等. 水面无人艇集群系统研究[J]. 舰艇科学技术,2019,41(4):83-88.

[4] 刘宏波, 孟进, 赵奎. 蜂群无人机数据链自组网协议设计[J]. 火力与指挥控制, 2018, 43(09): 163 – 168.

[5] 吴平, 唐文照. 无人机集群数据链组网技术研究[J]. 空间电子技术, 2012, 9(03): 61 – 64.

[6] Caglayan C, richopoulos G C, Sertel T K. Non-contact probesforon-wafer characterization of sub-millimeter-wave devices and ntegrated circuits[J]. IEEE Transaction on Microwave Theory and Technology, 2014, 62(11): 2791 – 2801.

[7] Heckmann D, Lloyd C J, Mih N, et al. Machine learning applied to enzyme turnover numbers reveals protein structural correlates and improves metabolic models[J]. Nature Communications, 2018, 9: 5252.

[8] 潘大雷. 混联下肢外骨骼的步态规划与控制研究[D]. 上海: 上海交通大学, 2015.

[9] 黄开宏, 杨兴锐, 曾志文, 等. 基于 ROS 户外移动机器人软件系统构建[J]. 机器人技术与应用, 2013, (04): 37 – 41, 44.

[10] 刘慧霞, 席庆彪, 李大健, 等. 电子战无人机协同作战关键技术发展现状[J]. 火力与指挥控制, 2013, 38(09): 5 – 8.

第6章　脑科学与人工智能

人工智能之父马文·明斯基认为"大脑不过是肉做的机器",大脑中不具备思考意识的各个极小单元可以组成各种思维——意识、精神活动、智能、自我,最终形成"统一的智能"。"极小单元"即脑细胞,而"统一的智慧"即脑意识、脑情感、脑思维。有分析认为,脑科学可以为人工智能提供生理学原理、数据、机制等,并启发更具通用性和自主性的人工智能新模态。脑科学与人工智能的交叉融合势必引发深刻变革,在可预见的未来深刻影响人类的思维范式和生活方式,成为今后人工智能模拟人的重要发展方向[1,2]。

6.1　脑　细　胞

脑细胞是构成大脑的基本生物单元,也是形成意识和思维的物质基础。在本节从神经修复和细胞替换两个角度进行剖析阐述,试图寻找脑细胞与意识形成之间的关系,探究其对人工智能技术的启发。

6.1.1　神经修复

近现代以来,许多科学家将研究的聚焦点放在了神经再生领域上,并找到了一类神经营养因子,能够促进神经生长。由于胚胎神经元极易生长,依赖于神经营养因子的滋养,如果将胚胎脑组织、周围神经等移植到大脑里面,可以一定程度上促进中枢神经的再生长。

维基百科定义神经修复术为:神经科学中与神经的修复相关的领域,即用人工系统置换掉原有功能已衰弱的部分神经或感官。人工神经系统最广泛的应用是人工耳蜗。脑机接口和神经修复的区别从字面上即可见:"神经修复"通常指现实中已经使用的装置,而许多现有的脑机接口仍然处于尝试摸索阶段。实际上人工神经系统(如假体)可以和神经系统的任意部分相连接;而"脑机接口"通常指一类范围更窄的直接与脑相连接的系统。

神经修复术是神经修复学科临床治疗方案的极为特殊而意义重大的组分,是神经系统能够使功能得以恢复的重要临床诊疗方法。神经修复与传统的神经外科手术的主要区别在于:前者需要嵌入某类功能体,并且强调该嵌入对象嵌入后可与人体结合,通过细胞无间隔的接触、释放化学物质、管控神经元的信息传输等机制对原有神经产生修复和优化。神经修复术主要包括自体、异体组织、细胞等的移植手术、显微镜下的神经对接和缝合手术、电刺激器嵌入手术等。

神经修复属于多个学科的交叉,是它们的焦点,包括神经外科学、神经基因组学、神经病学、神经康复学、神经药理学、神经蛋白组学和心理学等,如图6-1所示。

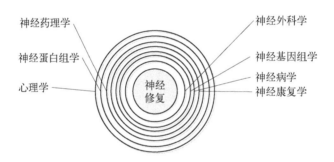

图6-1　神经修复是多学科交集的中心点

近年来,美国和欧洲的人类脑计划逐步实施,目的在于提高人类对中枢神经功能的理解。然而,由于人脑有850亿个神经细胞、100多万亿的神经细胞连接以及巨量的与调节人脑能力有关的神经胶质细胞,到目前为止,大脑仍存在很多谜团。因此这些项目的难度可想而知。实际上,这些项目未来的规划,正是神经修复学过去已完成和现在正在做的工作。

未来,随着在神经修复过程中对神经功能的越来越深、越来越多的了解和认知,相信人类对于脑细胞在意识情感形成中的作用及机制会愈加清晰,也将为人类探究人工智能之路提供必不可少的支持。

6.1.2　细胞替换

人体有40万亿到60万亿个细胞,它们的新陈代谢为人体活动提供能量,在这个过程中,细胞不断衰亡,也在不断衍新。细胞的正常代谢,不会让个体变成一个不同的人,这是因为从细胞的功能和结构来说,新生细胞与衰亡细胞是一样的,因此对人体并不会有宏观层面的影响。

细胞按照周期代谢、衰亡和衍新,但各类人体细胞的生灭期限并不一样。比如,位于皮肤的上皮细胞的更新周期为一个月,位于胃黏膜的上皮细胞的更新周期为一星期,肠黏膜细胞的更新周期只需半周……但这些过程不会把人变成另一个人。那么,人为何会产生"今是昨非"的感受呢?实际上,是脑中神经突触之间连接的规模和强度决定了人的记忆、情感及思维[3]。大脑中的无数神经细胞,它们之间彼此传导信号,形成 100 万亿个突触,突触之间的交互状态是可以改变的。如果你觉得你比几年前有了情感等方面的变化,可能是你的日常大脑使用惯式改变了大脑的突触之间的连接状态而造成的。

然而,大脑有的细胞从不更新,比如位于中枢神经的细胞,人在呱呱坠地时就已设定好,自然情况下,无法增加或更新,年迈后还会减少,这是造成人脑功能下降的主要原因,而人脑的衰亡是人走向衰亡的重要原因。

结合神经修复和细胞替换,我们可以期待脑复原技术。脑复原是在考虑意识为主体的前提下,如果把大脑衰老的过程和其他有损于大脑神经细胞存活的情况视为脑损伤,将人为地对脑细胞的修复视为脑复原。设置脑复原的速度足够缓慢,比如几十分钟置换一个神经细胞并保持其形态相同,也就是说,在不影响个体总的思维的状况下进行个别脑细胞的置换,从而实现脑复原。

脑复原技术有两个重要关切点:第一,用新的同形态神经细胞按原状态替换老的神经细胞,使脑的物质条件得到延续;第二,主体的意识在整个脑修复过程中不应该被这一过程所强烈干扰,也就是脑复原过程对主体是基本透明的。

在医学条件达到能够实现脑复原的水平后,意识将有望突破物质条件,得到进一步的延伸。谷歌风投公司的首席执行官 Bill Maris 曾说"如果你今天问我,人是否有可能活到 500 岁,我的回答是肯定的"。

如果中枢神经细胞能像普通细胞一样,在人工或者半人工的情况下进行替换,那么,我们的记忆或许能够长久不变,我们的思维意识或许能够一直存在。

6.1.3　脑细胞与人工智能

医学上的神经修复与细胞替换仍举步维艰,能否通过智能技术识别脑细胞工作机制,通过人工方式制造出具备智能的人工脑细胞,进而实现神经修复与细胞替换,或许是解决上述问题的新思路。

让人造系统像人的大脑一样学习和思考,对科学研究人员是一个巨大的挑战,人脑拥有约860亿个神经细胞以及100万亿个神经突触,而且这些神经突触的可塑性很强,随着时间的变化自我演变,变得更强或更弱,神经突触示意如图6-2所示。可塑性是人脑的神经元的突出特点。在神经突触中,很多因素,包括有多少信号会得到释放以及信号释放的时间都是不定的。这种可塑性允许神经元对记忆进行编码、学习和自我调整恢复。

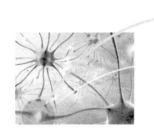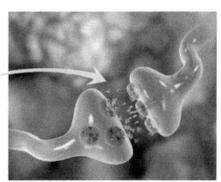

图6-2　神经突触

近年来,人们一直在尝试研发人工的神经细胞和神经突触,并取得了一些成功,但是已研制的成果多缺乏可塑造性,而这正是学习所必需的。

近年来,清华大学的研究者在《纳米快报》(*Nano Letters*)上公开他们的成果,其团队研发了世界第一个可模拟人脑神经可塑造性的人工神经细胞。该团队用氧化铝和经过变形的石墨烯材料制造人工神经突触,通过向该系统加以不同电压,从而控制神经细胞的反应。该团队指出,这种新型系统有助于研发具有学习和自适应修复功能的AI产品。

人工神经突触的研制成功,不管是对于神经受损后的神经修复,还是对于神经细胞的替换,都具有极其重要的意义,让人类距真正的"人工智能"又近了一步。目前,该团队的研究正在进行之中,相信随着对脑细胞作用机制的认识愈加深入,研发出真正的具备智能的脑细胞将不再遥远。

6.2　脑　意　识

意识是高级生命的大脑对于客观世界的反应。智力、思想、感知都是意识的具体存在方式。事实上,尽管科学家一直试图理解意识,但它仍然是现代科学中最重要的未解谜题之一。

6.2.1　意识的幸福

探索个体意识对研究人类未来科技发展具有重要意义。人对科技的推动,归根结底是因为技术能够给人带来前所未有的快乐体验。当科技能够真正成为人类改造世界的工具,让世界变得更加美好时,它对人类的生存衍新才会具有意义。而快乐体验的源头,正在于意识。

21 世纪以来,人类取得了空前的进步,却依旧很少满足。事实上,目前的人类自杀率史上最高,发达国家平均每年每 10 万人之中有 25 人结束了自己的生命。就算每个人都可以吃饱肚子、可治疗全部病患而且世界和平,也未必保证幸福感实现同步。幸福和快乐的玻璃天花板靠两大因素支撑,分别属于心理与生理,如图 6-3 所示。

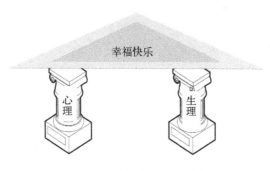

图 6-3　幸福快乐两大支柱

心理上,是否快乐要看期望如何,而非客观条件。现实必须符合期望,才能让我们满足。不幸的是,随着客观条件改善,期望也会不断膨胀。可能的情况是,未来不论达到什么成就,可能人类还是会像当初一样,永远不会真正满足。

会不会存在这样的一个系统,能够让意识满足期望的同时,可以稳定人的期望,即确保人对意识的期望在系统的满足范围内。虽然不确定如何能够达成这种绝对幸福,但可以肯定的是,这样的系统至少满足三个必要条件: 物质自由、意志自由、两者相融合的稳定持久的空间[4]。

有人认为,意识是思考,是注意,是情绪,是知觉,是记忆,是思维,是想象,是表达。

而数据主义者觉得上面这种说法太笼统,他们认为意识是数据的处理中心。对于人这样一个系统,基本遵循: 输入—处理(意识部分参与)—输出,人的意识处于核心处理器的位置。

即使这种说法也在遭受质疑,在自由意识环境下成长起来的新一代人,相信自己的力量,相信主观能动性,相信意识是自由的、不受控的。进化论本已经将神学逼到了角落里,而人类现在利用科学所产生的巨大进步更是让人相信自己才是宇宙的中心。问题随之产生,如果人是一个系统,意识是处理核心,那么人的意识是随机产生还是生物预设?考虑一个小游戏,来感受一下人的意识对人产生的影响,请你跟着下面的描述操作:

回收注意力到自己的身上,将注意力放在眼前的视野上(持续 5 秒),记住这种感觉,为感觉一。

回收注意力到自己的身上,将注意力放在耳朵的声音感知上(持续 5 秒),记住这种感觉,为感觉二。

回收注意力到自己的身上,将注意力放在身体内脏的感知上(持续 5 秒),记住这种感觉,为感觉三。

可以肯定这三种感觉是不一样的。现在,专注"你"自己,请"你"选择上面一种感觉进行体验(持续 5 秒)。"你"选择了哪种?"你"在这个选择中承担了怎样的角色:按照数据主义者的观点,只能是随机产生或者生物预设导致了这一选择——在数学模型中,结果的产生只有这两种。问题是,自由主义者坚信自己是自由的,如果是随机产生或者生物预设导致了自己的选择,那么人的"自主"体现在哪里?意识的存在又有什么意义呢?这一选择完全可以交付脑系统进行运作而不产生意识。

孰对孰错无法判断,但可以明确的是:每个人的意识都是独一无二、不可准确预知的,它不是一个输入输出对应关系明确的黑盒。

意识是基于物质的,大脑的某一部分承担了作为意识载体的功能,但意识的产生方式、作用方式不明确。意识是否是绝对自主的?抑或是做选择的时候,在参考了自己的经验后,掷了骰子?这个问题需要等待进一步了解意识的产生方式和作用方式后才能有结论。但目前,人类有能力做的事是开发神经信号、进一步了解脑的运作,从而让意识体验更美好的感觉。

6.2.2　记忆的记忆

在电影或小说中,经常会出现这样一幅场景:一个人临终前脑中将自己的一生从开始到结束快速播放一遍。这是否说明了人脑中记忆是依据时间线进行存储的?还是说不同类别的事件存储位置不同,但会打上时间的标签?我们通常将考虑当前的状况称为意识,但当某人"意识到什么"时通常都是在总结过去的基础上得出的,这更表明意识关注的是过去。

　　如果被问及三天前的现在在干什么,你可能会回答"时间太久,记不清了"。人的记忆可能会随着时间而淡化,不过并不是删除脑中过去的记忆,而是连向这部分记忆的神经元链接弱化,无法访问记忆。当向你提示几个关键信息时,你可能就会想起当时的具体细节。那再把时间向前推几年,五年前的今天你是否还能记得?或许不管别人描绘得再怎么清楚,你都无法想起。但小时候的事情我们总能或多或少地记住一些,脑无意识地随机选择留下这些记忆。而剩余的记忆被完全覆盖,再也无法读取了。当回顾过去时,人们总是以第三视角看待发生在自己身上的事情。这很奇怪,因为亲身经历的事情被迫作为第三者感受,并且当时的感受和情绪无法再现。但当你考虑未来的事情时,又会将重心转移到其他事物上。假设现在的你坐在自己的办公桌前,想象一下晚上下班时可能会遇见的事,坐电梯时可能会遇见谁? 回家的路上又会碰上几个红灯? 要不要顺手取一下快递? 这种状态下的你是以第一视角考虑问题。但如果让你回忆一下昨晚下班路上遇见的事情时,你又戏剧性地转为第三视角回忆起所见所闻。

　　让我们再次思考如何选择乘车工具时,我们必须将所有可选择的工具进行比较,这意味着每个交通工具都会在我们脑中形成一个独立的临时记忆,以便于寻找各方面的优劣。这几个临时记忆存在很多相似点,例如花费的时间、金钱,乘坐的舒适度等。那我们是否可以将临时记忆切割成小记忆进行比较。这似乎和算法中的递归原则很像,把原问题分成相似的子问题,子问题的最优解构成原问题的最优解。这种方法可以有效解决复杂式问题,在大脑中设置缓存单元,出现选择性问题时,可利用递归方法来寻找最好的选择。

6.2.3　脑意识与人工智能

　　人工智能技术能否发展出如人类一样的意识呢? 这需要从脑意识与人工智能的本质去剖析。

　　概念上,人工智能是相对于人类意识和智力而存在的,由于意识是物质运动的一种特别的存在样式,根据控制理论,通过仿真,可用计算机仿真人类大脑的某些功能,将人类活动机械化,该过程即为 AI[5];AI 的本质是模拟思维的数据传递和运用过程,甚至在某些方面已横跨人脑的功能,但人工智能不会成为人类的意识,究其原因主要有以下两点:首先,AI 是思维模拟,而非思维本身,人类智能主要是生理和心理的过程,人工智能无法将"机器思维"等同于人脑思维;其次,人类的智慧和意识形态具有社会性,而人工智能没有人类意识的独特主动性和创造性。

　　目前看,两者之"异"远远大于两者之"同",无论是在理论研究上,还是现实应用上,巨大的鸿沟依然存在。在脑科学取得真正突破之前,人工智能仍然难以突破"思维模拟"的属性束缚,如何从"思维模拟"跨向"思维本身",正是人类今后较长一段时期需要挑战的方向。跨越鸿沟之时将是人工智能真正"智能"之日。

6.3　脑　情　感

人与机器最大的区别在于情感的存在与否。对于人工智能而言,往往是智商爆棚,但情商(情感)缺失[6]。因此,探究人类脑情感的形成及机制对于丰富人工智能意义重大。

6.3.1　智力与情感

"要智商还是要情商",鱼和熊掌不可兼得,很多人有着自己的取舍。但是情感比智力更加难以解释得到了大多数人的赞同,因为智力的体现在于计算和推理,而情感却表现在具体事件中,很难用公式或算法进行概括。

对现有人工智能而言,它是某一领域的"专家",远比工人高效、准确,但可惜它没有情感。以聊天类机器人为例,虽然它可以响应你的问题和请求,但实际上它并不清楚你在讲话时的语气、当中表达的情感[7]。它只能抓住关键字,并作出回应。如果我们评论一个人"和机器一样",一种意思可能是他(她)做事专注,操作精准;还有一种意思可能他(她)没有情感、毫不关心。现在的问题不是机器是否拥有情感,而是智能机器能否在没有情感的前提下自主学会掌握情感。如果机器拥有这个能力,那么它的系统与结构将和人脑一样复杂。

如果一个系统复杂且时刻在变化,那么就不可能通过完整探测它过往状态和运动规律来准确推测它下一刻的状态。模糊系统由于系统太复杂,具有不可探知性。这个特点决定了会产生蝴蝶效应。意识是由模糊系统产生的,即便同等环境,但在微观层面,同等环境的输入已经有微小差别了,经过大脑的处理以后,输出的所有可能状态的集合可能会产生巨大差异,刺激的细小差异犹如南美洲亚马逊河流域热带雨林中蝴蝶翅膀的偶尔扇动,造成了意识空间如得克萨斯州龙卷风般的巨大混沌。

中国有句古话"人之初,性本善",是否旨在说明儿童的思维和成人的思维是相同的,但成长过程中的经历改变了他的思考方式? 如果是的,这说明人的智力是先天注定,儿童已具备成人的才智。那我们的思维又是如何形成? 有些学者认为思维是从无到有的发展,还有些学者认为思维是由各自独立的碎片组成,在成长的过程中逐渐产生联系。像新生儿他们很多感受都是通过哭和笑表达出来,但伴随着成长,他们学会了用手伸向自己想要的东西,用点头或摇头表示他们的意愿。

　　虽然学术界给出了各种看似合理的推断,但也仅仅限于推断,目前对于情感的形成没有一个权威的可绝对信服的解释。下面两节我们试图从婴儿及成人的情感特点中寻求突破,找到启发。

6.3.2　婴儿情感

　　对于动物而言,它们的情感单调而直白,但人的情感复杂多样。动物是以生存为目标,而人类面临的问题大多数是由自己创造的,解决这些问题便意味着一次进化。

　　如果人的思维是由许多碎片组合而成,那么各种情感可能是受到独立的思维碎片引导。现在我们设计一种简单生物体,它可能只包含若干个简单功能,例如睡眠、饥饿、口渴和疲劳等。饥饿需要眼睛寻找食物,手和脚联合行动获得食物,口咀嚼食物,最后交由消化系统转化成能量。但我们忽略了一个问题,口渴是需要借用眼睛和嘴巴等其他器官。那最终结果是生物体可能会有许多头、手和脚,变成了完完全全的怪物。这就要求它们共用一套器官,把原问题演化成优先权判定问题:哪些思维碎片可以优先表达出来。同样,还可以将这些思维碎片分解成许多相似子问题,例如饥饿和口渴都需要眼睛去寻找目标;都需要借助腿避开障碍物。完成子功能的共享,以达成最终目标。

　　婴儿是单纯的,他有时突然地从笑转变为哭,这表明哭的优先权战胜了笑。幼儿的情感界限十分清楚,而成年人包含的情感很是复杂。同样优先权并非是始终固定的,假想一个简单生物体又饥又渴,它可能会觉得口渴比饿难受,所以它奔向了水源。但喝了几口后,饿的感觉又涌现上来,于是它又转头走向食物。显然少量的水并不能解决口渴的问题,吃了几口后它重新返回水源。依次反复,它在水源和食物之间来回奔波,这路程中是会消耗能量的,所以它始终觉得又渴又饿。两种思维的优先权一次又一次压过对方,这最终导致了饥饿和口渴的优先权逐渐增高,成为它眼中仅有的两件事。所以思维之间是相互抑制的,当一种情感获得掌控权时,它会抑制其他情感。但当另一种情感逐渐强烈并超过阈值时,它会夺得掌控权并开始反抑制之前的情感。

　　对于婴儿来说,哭的原因可能是饥饿,也可能是疼痛。如何读懂他们的情感则是父母的责任。沟通是双向的,当婴儿发出信息时,引起不远处的成年人的注意,而成年人的脑中可能还残留着幼时思维痕迹,从婴儿的哭声中读出某种信号,并作出响应。

6.3.3　成人情感

相较于婴儿,成人学会了掩盖自己的情感,情感的优先权受到上层的控制,不再直白地显示喜恶。同样面临口渴和饥饿时,他可能会根据水源和食物的远近设计最短路径,也可能会因为汉堡比矿泉水更具诱惑力而选择汉堡。

情感表现形式变得多种多样,无言冷视为愤怒,怒发冲冠为愤怒,声嘶力竭也为愤怒。在成长的过程中我们逐渐学会用多种形式表达我们的感受,也学会露出虚假的笑容,这些都是婴儿不曾具备的,那独立的思维碎片又是如何演变成的呢?

人会把所见到的东西存进记忆中,记忆库对所有思维碎片来说是公用的。同样当我们寻找一样物品例如杯子时,脑中首先会想象杯子应有的模样,也会给出杯子的定义:"可以盛装液体"。这样当看见从未见过的杯子形状时,我们也可以得出"它就是杯子"的结论。但记忆不可无中生有,我们在脑中浮现的形状不可能是没见过的东西。

在早期的情绪系统中,我们学会如何利用自己的情感以达到自己的目的,开始逐渐拓展系统来满足需求。但在成长过程中,我们发现了它存在的弊端并修缮它,乃至最后推翻并重新建立起新的系统。父母、老师和生活中的经历都在帮助我们建立起新的情绪系统,教给我们该何时以及如何展示自己的情感,等到成人时,这个系统已经复杂到难以理解。不论婴儿还是成人,情感的形成是掌控权的博弈与反博弈,还是情绪系统的不断迭代完善,目前看这仍是一个需要长期探索的问题。

6.3.4　脑情感与人工智能

科幻电影往往设定记忆作为情感最重要的载体,若人工智能拥有了记忆,便意味着有了生活经历,经历可以沉淀出情感。然而现实中的人工智能是否真会产生情感呢?

研究人员普遍认为:人类之所以有感情,是因为人类拥有身体和灵魂,而且人的精气神是任何物体无法模仿的,这是人类作为最高级动物的特有权限,甚至连其余高等动物在表达感情时,都会出错,因为它们没有更好的语言和丰富的思维意识。情感产生的基础是生物体,情感本身是没有标准的主观性特别强的事物,一朵花是否能激起人愉悦的情绪因人而异,而再高级的人工智能也不过是芯片和硬件而已[8]。

此外,从生物学角度看,情感的产生极其复杂,需要意识产生在先。只有动物和人类才能真正产生意识,至于无机物构成的芯片,目前技术下意识的产生无异于天方夜谭,更何谈情感。情感与人工智能关系如图6-4所示。

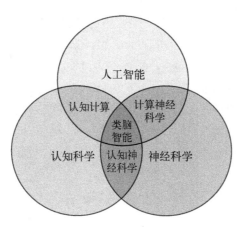

图6-4 情感与人工智能

脑情感位于认知科学与神经科学的交叉领域,属于认知神经科学,而人工智能目前而言最高级形式也不过是类脑智能。与脑意识类似,一层无形的膜将人工智能与情感隔成两个次元,这层膜如何捅破? 何时捅破? 以何种方式捅破? 将是极具研究价值而又极其困难的问题。

6.4 脑 思 维

脑思维是大脑独有的行为,尽管计算机发展至今拥有了极强的运算能力,然而仍然无法取代大脑,因为思维不仅仅是理性思维,还包括无严格依赖逻辑推理的感性思维。

6.4.1 量化市场

当脑中思维碎片在争夺人体控制权时,优先级高者可支配人的情感,但这优先权的高低判定的方式仍不清楚[9]。我们猜想不同的思维会产生不同的激素,但对身体控制权的争夺是以量取胜的,大脑便成了市场上的一份商品,哪个思维碎片出价高即可获得一定时间的控制权,这场"交易"在激素耗完时便会结束,剩余碎片又可开始新一轮的竞争。

每个人都认为自己的行动都是出于自身意愿,处于有意识的掌控之中,其实并不完全是这样。我们的行为也会被身体里一些化学物质所左右,这些化学物质就是激素。不同的激素会触发人体不同的情绪,例如我们的肚子在唱"空城计"时很容易暴怒,这是由于空腹会诱发人体产生胃饥饿素,并引起体内神经肽 Y(NPY)水平上升。而神经肽 Y 不仅与食欲有关,还与人体控制愤怒和攻击性有关。

医学界将疼痛划分为 0~10 级:0 级为无痛,最高等级中包含三叉神经痛。疼痛感显然是选取最大值,即使你同时经历了 8 级和 9 级疼痛,也不能证明你的疼痛感超过 9 级。疼痛分级如图 6-5 所示。

图 6-5　疼痛分级

但生活中并不是所有事物都可被量化的,例如你可以证明一个人比另一个人漂亮,可你不能说出"她"比另一个"她"美丽几分。当我们面临选择,特别是不同方面的抉择时,总是显得特别犹豫。眼前的食堂近但食物不好吃,好吃的餐厅又距离远,把美味的食物和距离相比较这就很奇怪。但如果把美味等效成一段距离,如果餐厅距离超过这个代价,那我们就只能选择填饱肚子。按照这种想法,我们还可以把车等效成一段负距离,拥有车就意味着与餐厅的距离被减去一部分。通过这种方式,我们可以解决大部分选择问题,把每个选项都等效成不同的价值,仅需要简单的判断即可找出最优解。

虽然将两种不同选择转换成同一种比较有些抽象,但实际上所有可能选项都会涉及时间和能量等公共资源的分配[10]。与此类似,脑中思维也在寻找着某种"货币"为判定作出依据。这便形成了市场,既有竞争,也有合作。如果你又多出了一个去趟超市的选择,那与超市相邻的食堂无疑就加上许多分。

6.4.2　自我认知

一个人在介绍自己时,他总会从性格、习惯或者喜恶等方面描述。我们会通过他的描述在脑中形成一个模型,起了和他相同的名字,并认为它与他便是同一个人。但正在自我介绍的他并不会也在脑中捏造出一个"自己",他只是从身上随机地挑选几种特征对自己进行描述。如果向他求证他所刻画的是否就是自己时,他可能会有些犹豫,因为他的描述太过简单,完全没有体现出自己的特殊性。就像"性格开朗,爱打篮球"的人不会都叫张三。

同样,当你的朋友向你介绍另一位朋友"性格开朗,爱打篮球"时,你也只是在脑中形成一个模糊的形象。一直到你亲眼见到他,脑中的"新朋友"才会逐渐清晰。如果你的脑中恰好还有一位"性格开朗,爱打篮球"的朋友,你会不自主地将这两个模型进行重叠,进而反问你的朋友,他是不是很高很壮?他喜不喜欢踢足球?……只有在不断听到否定回答时,你的脑中才会将两个模型独立开来。

最熟悉自己的人莫过于自己,但当出现一个不合理的选项时,我们脑中又是如何说服自己选择它的?有个形象的比喻是,脑中有两个小人在打架,一方是正义的,一方是邪恶的,谁能说服对方谁就可以获得我们身体的控制权。这种思想正是在暗示着我们脑中构建了不止一个关于自己的模型。性格的多重性让我们脑中的自己产生分裂。这显然是不切实际的,实际上脑中的思维碎片会从不同方面解析问题,拥有"货币"多的思维碎片更可能占据主动。中彩票的概率比被雷击中的概率还低,可还有许多人趋之若鹜。原因就在于期望的价值远超过手中的筹码,虽然他们明白中奖是不切实际的,但假设中奖的收益帮助它贷得更多的"货币"。

理性往往会被冲动所打败,毅力却可以帮助理性战胜冲动。毅力存在于思维中,准确地讲是对自我认知的加深。脑中的自己不需要刻意描述,它随着成长不断地丰富完善。当我们有时发现选项存在不合理的地方想要舍弃时,最终却依旧选择了它,这种被控制感源于未知。我们把不在控制范围内,不知它遵循何种法则的事物归结于因果,随着学习,因果的迷雾越来越稀,思维的选择也越来越科学。

在人脑中,碎片化思维存在的目的是辅助产生各种行为,但它如何形成完整的思想仍不清楚。有的人曾有过既幸福又痛苦的经历,这相反的两种情感同时存在。市场中曾经竞争的双方也可能会有合作的机会,"幸福"和"痛苦"这只是人们对两类情感所构造的名词,真正让人开心的是大脑分泌的多巴胺激素,人在伤心时也会分泌有害激素。

思维产生的情感是绝对的,但诱发情感的原因却是相对的。中国有句古话"一朝被蛇咬,十年怕井绳",这是由于被蛇咬的经历在脑中留下了一个极其痛苦的神经通路。当今后再次碰到蛇乃至与蛇相似的东西时都会激发这条神经通路,进而刺激大脑分泌痛苦激素。但对一个捕蛇人而言,蛇意味着收入,所以他看见蛇时是开心的,大脑会产生快乐激素。如果捕蛇人有被蛇咬过的经历,那他见到蛇时就有可能产生既幸福又痛苦的情绪。

6.4.3 脑思维与人工智能

脑思维和 AI 的关系一直是学者讨论的焦点。目前,思维科学方向比较被接受的观点认为"人脑是思维的主体,而依托于人工智能的电子大脑只是辅助人类思维的工具"。

在 AI 领域存在类似的观点。有研究认为,无论多么先进的计算机都无法脱离作为人类工具而存在的地位,而 AI 也永远不能超越人脑思维;AI 将始终处于从属地位,永远无法等同于大脑,更无法认为它可以超过人、统治人;AI 最多不过作为人类智能的扩展而存在,整体上来看,将不可能代替人类智能。

自然界中,往往结构决定功能——不同的结构产生不同的功能。人脑存在结构,而实现 AI 的计算机也有其独特结构。两者结构不相同,因此,无论讨论两者之间的从属还是制约关系,好像都不是明智之举。

具体而言,脑思维是大脑结构的产物,人类的脑结构基本无差异,故人类存在大致相似的思维模式。同时,脑思维会伴随脑结构的演化而演化,会受制于结构。比如,北京猿人的思维绝不会相同于现代人的思维,可以预见,现代人也将与未来人类的思维存在差异。

脑思维是结构的产物,AI 也是结构的产物,只不过两者结构不同。基于蛋白质的大脑结构产生了智能,基于硅片的机器结构也会产生智能。或者这样理解会更科学:AI 这种新结构、新智能的产生,带来的是不同于人脑思维的新的思维。

6.5　超　　体

6.5.1　进化的可能性

电影《超体》中的女主角 Lucy 被迫服用了毒品 CHP4,使得大脑最终进化到100%。影片中的诺曼教授认为人脑一旦被开发超过 20% 就会开始主动进化,而在进化过程中所需能量无疑是巨大的。350 万年前的猿人大脑重量是 400 克,现在的人脑则是 1.4 千克。350 万年的进化使人脑进化了 1 千克,但人脑的开发仅前进了 10%。

Lucy 的大脑利用率在达到 20% 后逐渐丧失情感,开始"理性"思考问题,自此,她的脸上几乎再也不显露表情。我们一直以为各种情感存在竞争与合作的关系以获得优先权,但 Lucy 的进化与我们的理念相反,导演吕克·贝松认为人类在进化的过程中会逐渐抑制住情绪,不再流露情感或因为冲动而做错事。未来的社会中人类可能拥有相同的思维方式,每一步都作出正确的判断,选择最合理的选项。除了外表的不同,每个人的灵魂仿佛复制一样彼此相同。

从现在的角度出发,机器人最终的进化目标是拥有与人类一样的思考方式和情感表达。是的,在未来“人类向着机器人方向演化”与“机器人向着人类方向演化”这两种可能不无道理,但只能向着一种方向发展。至于是哪种可能,那就需要看生物和科学两个学术界哪个进步更快。只要某一领域有着重大突破,人类社会就可产生长远的进步,同时推动着其他领域的发展。

机器人如果拥有了人的情感,这意味它能以人类的思维考虑问题,同时也能解读他人隐含的表达。如此,便需要建立出一套复杂的系统来模拟人类思考方式。首先,应具有完整的传感设备,例如模拟饥饿、触觉和视觉等感官,我们不得不承认的是现在的人类仍不完美,那机器人是否需要继承人的缺点呢?机器人是否也需要加入睡眠系统?人类在过度劳累后可通过休息来调节自己,但机器人的损耗一般是不可逆转的,只能通过替换零件来修复自己,当然,必要的重启与自检是必须的,可如同人类那样长时间的休息显然有些多余。其次,机器人需拥有和人脑一样的判断系统,人脑中通过神经元进行信息传递,交互方式涉及化学反应等多方向知识,所以目前的 0-1 信号式电脑无法充当起大脑的职责,未来的发展瓶颈便是电脑硬件方向的突破方向。最后是思维方式的转变,很多情况下人类不会选择最优选项,他会因为自己的性格作出不合理的举动,因为人的左右脑负责不同领域的判断,最终是谁作出的选择我们不得而知。

6.5.2　有限条件下的进化

霍金曾讲到人的意志自由,认为所谓的意志自由其实就是几十亿个人类脑细胞之间产生的相互影响效应,他们表现得貌似无规律、无法琢磨,但这只是不可预测的必然罢了,自由意志的控制还是自然之道。他也提出一种“模拟理论”:人的感官将周围的信息加工成信号然后输送到人脑,大脑将之处理后形成三维的模型,然后作出反应,这个三维模型就是我们看到的现实。但我们是否想过所见到的事物本质是什么,人眼的可见光波长范围大约在 400~760 nm,人耳能听的声音频率在 20 Hz~20 kHz。在这样有限的条件内我们的所见所闻构成了生活的世界,这必然存在着很多局限性。先天失明的人无法理解颜色,三维空间的我们也无法想象四维是怎样的存在。

所有已发现的真理都存在着局限性,它们的成立都需要先天条件。由于我们实验环境受限,很多理论暂时都无法被证实。受到能量守恒的制约,人类无法完全进化至100%。人类受约束于有限的各类资源,开发或者具备更高的智能、意念和情感的难度极大。同样,AI 的进化因为人类的本身能力的限制,可能也无法创造出拥有超能力的机器人。

参 考 文 献

［1］胡敏中,王满林. 人工智能与人的智能［J］. 北京师范大学学报(社会科学版),2019,(05):128-134.

［2］李扬. 人工智能发展趋势:融合平台、智能大脑、情感计算［J］. 智能机器人,2017,(01):27-28,46.

［3］Ma J, Yu M K, Fong S, et al. Using deep learning to model the hierarchical structure and function of a cell［J］. Nature Methods, 2018, 15: 290-298.

［4］徐明. 人工智能时代:与机器人共舞——探寻机器人大国日本［J］. 智能机器人,2019,(04):43-46.

［5］杨伟国. "意识表达系统"为脑意识、医疗等寻找讨论平台［C］//中国科学技术协会. 节能环保 和谐发展——2007中国科协年会论文集(二). 北京:中国科学技术协会学会学术部,2007:135-139.

［6］刘洪波. "机器人情感"［J］. 人民之友,2018,(11):62.

［7］袁航. 人工智能能否与人类产生情感交互［J］. 当代贵州,2018,(21):58-61.

［8］马爱平. 机器人能成为我们的"好闺蜜(哥们)"吗?［J］. 科学大众:小诺贝尔,2017,(11):1-3.

［9］叶子. 科学家计划研发具有情感的机器人:能像人类一样思考［J］. 科学与现代化,2017,70(1):138-139.

［10］谢海雁. 人工智能中的情感计算［N］. 健康报,2017-05-04(008).

第7章 "智能+"未来

未来,人类跟智能机器交互的方式会变得多式多样,随着人工智能的进步,机器也会成长得越来越聪明。机器会更懂得人,甚至能无微不至地满足人的情感需求。人工智能也将成为各个传统行业发展的驱动力。本章以"智能+"引领新变革为驱动力,全面阐述了"智能+"如何与教育、家居、制造、医疗、军事等领域深度融合创新,"智能+"将打造万物互联的智慧社会。人们在电影院中观看的科幻大片未来有望日渐搬下荧幕,演变成现实场景。

7.1 "智能+"引领新变革

7.1.1 新变革

几千年前,农业革命使人们学会使用锄头、镰刀等农具,人类可以有目的地从事农作物耕作,结束看天吃饭的命运,从此进入农业社会;几百年前,第一次工业革命让人们学会使用蒸汽机,生产力得到大幅提高,人类从此进入工业社会;紧接着,19世纪的第二次工业革命,以及20世纪的第三次工业革命,每一次都使人类的生产和生活产生了革命性变化[1]。

从历次社会变革中可以看到:一是每次变革都是由技术所推动的,由此引起经济、社会、生产等全方位的变革;二是变革所经历的时期正在缩短,如图7-1所示,从农业革命到第一次工业革命用了几千年的时间,而后面的历次工业革命的间隔则大幅缩短。

而现在,随着人工智能技术的迅速发展和逐步应用,其最终有望引领一次新的技术革命。可以预见的是,人工智能技术将渗透到各行各业中,并引发传统行业的变革。本书认为,这次新变革将分为三个阶段:

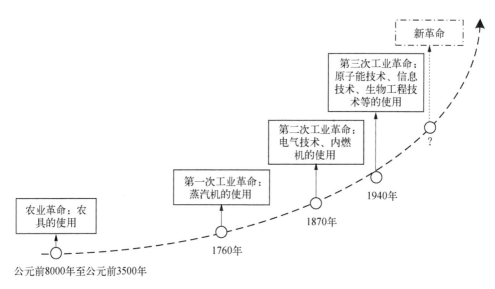

图 7-1　技术革命历程

第一个阶段是机器辅助人。利用人工智能技术由机器辅助人类执行一些任务,也就是目前人工智能技术所处的发展阶段。主要是通过人工智能技术为人类分担一部分工作或提高工作的效率和质量,如现在的汽车辅助驾驶系统,可以从一定程度上分担驾驶员的工作,增强安全性。其他如智能客服、智能导医、智能语记等应用,人工智能技术已经开始全面辅助人类的工作。

第二个阶段是从有人到无人。以各种自主无人机、无人车等无人系统的出现为标志,人工智能将显著增强人类的效能,这时候类似于汽车驾驶这类的工作完全交给人工智能机器来完成。

第三个阶段是机器超越人。随着人工智能奇点的来临,人工智能将在感知、学习、推理、决策等方面全面超越人类,届时绝大多数工作将由智能机器来代替,且完成的速度和质量是人类无法比拟的。

人工智能技术的进步带来的本质影响是社会生产力的进步,正如历次工业革命给人类带来的影响。随着人工智能技术的发展,越来越多的工作将由智能机器来取代,而机器工作的最大特点就是工作效率极高。当通用人工智能技术来临时,届时整个社会生产效率将得到极大提升。

虽然人工智能技术的发展正在使得人们的生活变得更加智能和美好,但许多人仍在顾虑,人工智能未来究竟将如何影响人类,带来生活方式进步的同时会不会给人类带来威胁,会不会扰乱千百年来的人类活动[2-4]? 在这里我们不对这些问题进行讨论,但是毫无疑问的是,人工智能将为人们工作生产活动带来以前无法想象的便捷性和可能性,人类的生活方式也将会改变。

现在正处于人工智能技术革命的关键时期,不管是对于国家,还是对于每个人而言,都必须接受、紧跟并引领人工智能这一变革,并适应它所带来的改变,否则就会被社会和时代所淘汰。

我国高度重视人工智能战略,领导人曾多次强调人工智能的战略意义。人工智能技术已连续三年写入政府工作报告中,一系列针对人工智能发展的战略部署已经形成。回顾 2017 年以来,人工智能新兴产业如雨后春笋般发展壮大,人工智能技术的研发和转化应用,产生了新动能,为做大做强产业集群持续添薪续力。

7.1.2 赋能升级

对于传统行业来说,人工智能与新兴技术进行融合,实现创新升级是保持甚至增加发展动能的重要推动力。人工智能作为新兴的革命性技术,已经成为对各个传统行业赋能升级的核心力量之一(图 7-2)。

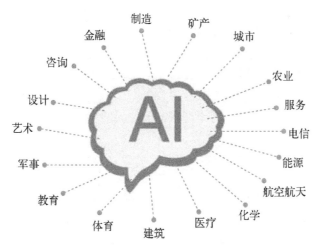

图 7-2 "智能+"为各行业赋能升级

人工智能与互联网的融合实现了传统行业的一次升级,进入物联网的雏形时期,也为传统产品增加了生命力。而随着 5G 移动通信时代的来临,每一件物品都可能接入网络实现互联,可以说万物互联的时代已经在向人们走来。

万物互联时代将为人工智能技术的迅速发展打开一扇大门。一方面,万物互联为人工智能技术带来了更丰富的、更实时的感知数据,而数据则正是人工智能的

"原料",有了更多的数据,人工智能可以实现更准确的判断、推理和决策控制。另一方面,人工智能技术可以控制到万物互联世界中的各个方面,进而实现生产和生活方式质的飞跃。

可以预见,通过"智能+"实现为各行业赋能升级,生产效率将得到极大提高,经济发展模式和社会生态系统都将被"智能+"所重塑。届时,各行各业中的大部分工作将由人工智能技术来替代或进行辅助,工作效率和工作质量将得到前所未有的提升。在"智能+"赋能下,由此带来的行业产品或服务质量将更加人性化和精准化,完全切合上游消费者的需求。未来,在教育、家居、制造、医疗、城市发展等方向,"智能+"会让我们的生活进入前所未有的新阶段。

7.2 "智能+"家居

7.2.1 贴心管家

有人说,人类的发明都是为了偷懒和舒适。虽然,这样的说法太过绝对,但在生活中,尤其在家居中,很多的发明确实帮助人们节约了大量的时间,过上了更舒适的生活。洗衣机、电动牙刷、扫地机器人等自动化家电帮助人们摆脱了繁重的家务劳动,让人们有更多时间躺在沙发上感受家的温馨。当然,这些只是第一步,毕竟只有家电自动化了,拉窗帘、开电源、使用遥控器调节这些操作还需要人们亲自来完成。

未来的"智能+"家居将考虑得更为周到,它可以智能地感知环境的变化以及房间主人的需求,并通过智能核心做出决策,自主地对家居进行控制。如图 7 - 3 所示,它把家中可以控制的几乎一切事物都纳入了家庭网络,其核心是能够自动感知主人的需求,自主决策并对家居进行控制,甚至可以满足主人的情感需求,真正实现人与家的融合。灯光温和一点,来点轻柔的背景音乐,准备一杯红酒,拉好窗帘隔绝外界的嘈杂,甚至准备一场浪漫的晚餐,上面的所有要求,"智能+"家居都可以自主地帮人们做到。

7.2.2 魔力房间

在电影《云图》中曾有一个桥段,主人公把解救出来的主角带至了自己的房间。房间在接通电源后,就可以根据主人公的需求更换风格,包括墙纸颜色、地板材料等。

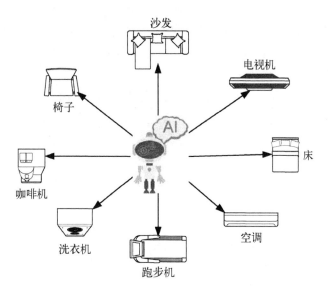

图7-3　"智能+"实现对所有家居的自主控制

当关闭电源,房间就恢复了本来的面貌——类似于现在没有装修过的毛坯房。

　　本书不做真实与虚幻的哲学讨论。单就《云图》中的房间而言,可能成为未来"智能+"家居的发展方向。

　　未来的"智能+"家居应该主要包含三个方面(如图7-4所示):人机交互设备、人工智能核心和新材料房间。

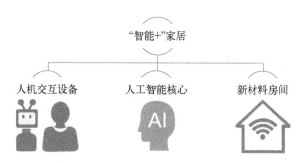

图7-4　"智能+"家居的组成

　　人机交互设备用于捕捉人的思想和需求,实现家居与人的融合;人工智能核心用于理解人的意图,对房间做出控制,以满足人类的生理和情感需要;新材料房间则根据智能核心的决策来改变外形、颜色和材质。

"智能+"家居可能只包含了必需的一些家电和家具,看不出任何"装修",这里之所以给装修加引号,是因为并非没有装修,而是在房间的墙壁、地面、天花板等涂装了新材料。这些新材料可以像海绵一样柔软,也可以像大理石一样坚硬;可以改变自己的颜色,可以发出强弱不一的光芒。它甚至可以变换自己的形状,比如座椅、床、沙发等。使用这些材料搭建房子,或者把这些材料涂装在房间各处,它们就可以在需要的时候改变自己的状态。人工智能核心感应和理解人的思想后,通过电信号等方式控制新材料,改变房间的装饰和布局,从而让我们和家真正融为一体。

畅想一下未来。当下班回家走到家门口,智能门锁通过人脸识别、步态识别、行为判定等技术,不待你掏出钥匙或按下指纹,门就可以自动打开。原本空荡的房间会根据主人的心情自动变换装饰风格。新材料构成的墙壁会换成柔和的壁纸,或者发出温和的光芒,给你疲惫的身心以抚慰。晚饭时间来临,"智能+"家居就会精心准备一顿精致的晚餐。这也并非难事,烹饪不过是食材、调料的组合,加上人工进行的烹饪动作,而这样的组合和动作通过机器学习,完全可以实现无人化。当主人累了,房间会从地面构造出一个宽大柔软的坐垫。它无须变成传统意义上的沙发,只要外形完美贴合人体,让每个部分的压强最小,就会觉得这样的沙发比真正的沙发更舒服。当夜深人静,困意渐生,坐垫可以变换成更适合睡觉的床。到了第二天的清晨,"智能+"家居只需要临时构建一个传送管道,洗漱用品、出行服装都会自动传送到主人面前。甚至,"智能+"家居还可以帮主人进行身体清洁和穿衣打扮。如果想对家里重新装修,新材料组成的墙壁、地面和天花板就可以根据我们的想象变换成任何样子,无论是大理石、实木还是玻璃、陶瓷,新材料都可以从颜色、触感、硬度上进行变换。更换家中的风格,就如同现在更换手机主题一样简单,整个房间充满着魔力色彩。

7.3 "智能+"教育

7.3.1 应对挑战

教育的意义不仅仅在于传道授业,更在于为社会发展和科技进步提供人才培养。并且在各项技术迅速发展的今天,终生学习、终生接受教育已经成为每个人的必然选择。然而,现在的教育仍然存在着均衡教育资源、提高教育效率等诸多挑战,如图7-5所示,制约着人才培养的发展。

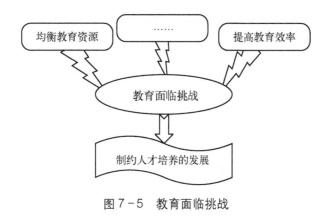

图 7-5 　教育面临挑战

（1）均衡教育资源

教育资源的不均衡是制约学生成长的重要原因。"马太效应"在教育领域尤为明显，优秀的人才和资源不断向发展好的大城市和重点学校聚拢。相比之下，偏远地区的学校则需要面对人才流失、资源匮乏的严重后果，得不到优质的软硬件教育资源。

（2）提高教育效率

两千多年前，孔子就指出教育要因材施教。因为每个人的性格爱好不同，对于事物的理解和接受能力也不同。有些孩子对数字有独特的敏感性，有些孩子从小就有音乐天赋，有些孩子则更喜欢体育竞技。然而现阶段，我们囿于教育资源的缺乏，不得不让完全不同的几十个孩子，坐在同样的教室，用同样的方式学习同样的知识。很多孩子就这样错过了培养和增强自身特长的黄金时期，个人潜力和创新能力没有得到有效挖掘。

7.3.2　名家私塾

从人类社会步入信息时代的那天起，教育便与信息技术相互支撑、相互影响。在推动教育信息化的进程中，要解决当前教育发展面临的挑战，需要理念创新、技术创新和教学方法创新。"智能+"教育则正顺应了这一时代潮流，它从人才观念、技术环境、教学方法等方面，共同助推教育向更高层次跃迁[5,6]。

具体来讲，"智能+"教育一方面可以解决教育资源不均衡和稀缺性的挑战，让更多的学生享受到优质的教育资源；另一方面可以显著提高教育的个性化需求，通过先进的人工智能分析方法来为每个学生提供精准的学习方案（如图7-6所示），真正实现因材施教。

图7-6 "智能+"教育实现因材施教

尽管高质量的教育始终需要人类老师的积极参与，但人工智能将通过从各个层面上提供个性化的方案，对教育的质量和效率进行有效的提升。

人工智能技术使得在线学习能够同时满足各个学生的个性化需求，既为学生提供了个性化教育方案，又扩大了优质教育资源的受众。同时，在线学习系统所收集的大量数据推动了 AI 学习分析能力的快速提高。未来，融合人工智能技术和虚拟现实技术的教育方式将会成为普遍现象。并且，未来的个性化教育将会建立一种以学生为中心的教育模式。通过翻转课堂和纵向拓展计划，将个性化教育融入日常活动中，由此树立起受学生欢迎的教育文化，将来的学习对于年轻人将是一项很有趣的活动。

目前，智能教学系统（intelligent tutoring systems，ITS）已在美国中学应用到数学教学中。当学生在解答数学题遇到困难时，ITS 将会进行相应的提示，当问题解答完毕后，ITS 还会根据学生答案和答题过程中的表现提供精确的反馈意见。不仅在中学，ITS 也在逐步应用于高等教育中。名为 SHERLOCK 的智能教学系统已开始用于教导空军技术人员对飞机的电气系统故障进行诊断；南加州大学信息科学研究所还开发了 AI 培训模块，对派往海外的军事人员进行培训，提高他们与不同文化背景的人进行交流的能力。面向大众的英语口语练习应用"微软小英"则是更为人们所熟知的一个 ITS 系统，"微软小英"针对用户练习口语的需求，基于微软的语音识别、语音合成、自然语言处理等人工智能技术，帮助用户纠正和提高英语口语能力。

未来，利用人工智能技术及其教学方法来培养人才，将引起教育方式的根本性变革。可以预见,教育界中的壁垒终将会被"智能+"教育打破,所有人都可以接受高水平教育,人们的潜力将被充分挖掘。到那时,将会出现更多的天才。

7.4 "智能+"制造

7.4.1 协同演进

传统制造业的未来,必然要与人工智能技术进行融合,在产品配方、工程设计等各个环节引入先进的人工智能技术,实现智能革命过程中的协同发展。

目前,作为人工智能的两项关键技术,深度学习和强化学习已经可以应用到制造业中。在产品制造过程中,通过人工智能技术强大的分析、推理、决策能力,可以实现更高效和精准的控制。

同时,随着万物互联时代的来临,产品生产各环节的数据都可以进行精确测量和存储,这也是建造工业互联网所要具备的能力。有了海量的数据做支撑,强大的人工智能技术就可以在制造业中得到全方位的应用。

通过制造业与人工智能技术的协同发展,智能制造(intelligent manufacturing,IM)将大大扩展制造自动化的内涵和发展方式,如图 7-7 所示,将是包括生产智能化、协同网络化、产品定制化和服务智能化的综合过程。

通过预测性维护、虚拟仿真、智能控制、智能管理等技术实现生产的智能化,良品率将得到有效提高,资产配置也将得到全方位优化。同时,产品设计、制造、供应

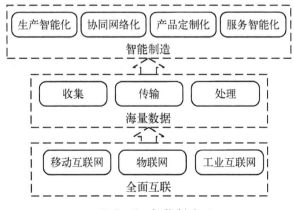

图 7-7 智能制造

过程中也将实现有效协同。C2B 和 B2B 的定制化产品,以及智能化的售后服务,将使得用户体验更趋于完美。

7.4.2 工业之路

对于未来的制造业,德国提出的"工业 4.0"战略是具有代表性的模式之一[7]。"工业 4.0"希望通过开创新的制造方式,在生产制造过程中,与设计、开发、生产有关的所有数据将通过传感器采集并进行分析,形成可自主操作的智能生产系统,实现"智能工厂"。这也意味着"智能+"制造将成为即将到来的工业革命的主导力量。

(1)工业机器人

未来的工厂车间将不再出现流水线上忙碌的工人,取而代之的是工业机器人。这些机器人不同于传统的大型工业自动化设备,它们体积甚至比人还要小,但机械臂却可以执行多种任务,使得工业机器人可以根据需要执行多种工序,或者完成多种类型产品的生产。同时工业机器人动作的控制也会更加精准,产品质量也将得到大力提升。更重要的是,机器人之间通过相互间的智能协作,生产效率将大大提升。

(2)定制化生产

未来人们对产品的追求也不再是千篇一律的大众化产品,取而代之的是多种多样、个性化、优质的产品。同时,工厂追求的目标也不再是工业化大生产,而是生产多品种、个性化、优质和高效的产品。这样的变化,会产生近乎无穷无尽的参数指标以及难以处理的复杂供应链,传统工厂的生产水平和技术能力已经达不到要求。而未来的智能化工厂刚好满足了这一需求,顾客的需求可以直接传输到智能工厂的人工智能控制中心,控制中心将需求提交到生产车间,生产车间内的工业机器人可以对工序和参数进行精准计算和控制,高效协作完成产品的定制化生产,并且生产效率也将高于传统的大众化生产。

(3)绿色工厂

能源消耗是制造业需要考虑的重要因素之一,特别是对于高耗能产业来说,能源成本占生产成本中很大一部分,且由此带来的环境污染问题一直困扰着人类。未来的智能工厂通过生产工艺、生产流程优化以及精细化控制,能源利用率可以达到最优,能耗将得到大幅度降低,届时环境污染问题有望得到解决。

作为生产力水平的重要标志,制造业对于国家的发展起着关键的作用。中国是制造大国,为应对新技术革命和全球制造业格局的发展,国家推出"中国制造 2025"战略方针。其中,"智能+"制造作为制造业转型的核心,已经是关键驱动力。

当前,我国正瞄准"智能+"制造,大力推动工业互联网建立与发展,深入实施智能制造工程,以促进人工智能技术在制造业中的应用。通过这些措施,将有力推进"制造强国"的进程。

7.5　"智能+"医疗

7.5.1　"私人御医"

在人工智能应用中,医疗是最受关注的领域之一[8]。事实上,以人工智能技术促进医疗科技的发展,是人工智能对于人类最有意义的应用之一。

当前,大数据和人工智能技术正在推动医疗行业的一个新趋势——"个性化医疗"或"精准医疗"。由于目前的药物和治疗是都是根据众多人群的统计数据得到的,医疗工作重点是确定症状,治疗方案缺乏个体针对性。然而,医疗大数据已经逐步成熟,除了各类医疗专业设备所采集的数据和人员健康档案数据,可穿戴设备的普及为医疗大数据的收集提供了得天独厚的优势,可实现大规模、实时、持续地健康数据采集,从而为下一步的智能分析提供了重要支撑[9]。

有了全面的医疗数据(还包括患者病史、当前疫情、环境因素、临床研究等),结合人工智能方法,现在就有可能精确了解疾病的机制,并将每个人的问题与个性化治疗方案相匹配,以达到更好的精准治疗效果,如图 7-8 所示。

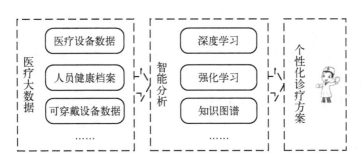

图 7-8　AI 精准医疗

未来,每个人都将拥有一个专门的"私人御医","私人御医"有可能是一个具有检查、治疗功能的实体机器人,也可能是一个手机APP。根据医疗大数据和个人健康体征数据,"私人御医"将建立个人的"健康基线数据",以"健康基线数据"为基础,对主人的健康状况进行监测,并实时精准地给出健康提示或诊疗计划。同时,"私人御医"甚至可以提供个性化心理辅导,给人以身心关爱,进而全方位保障人类的健康。

7.5.2 "金钟罩"

免疫系统是人体抵御外来入侵者的最重要武器,它能发现并清除外来病原微生物和身体坏死病变细胞,是保障身体健康的重要防御系统。然而人类的免疫系统工作能力仍十分有限,通过注射疫苗虽然可以显著增强免疫系统对抗特定病毒的能力,但也属于一种滞后的防疫方法,从新病毒开始流行到最后疫苗上市往往要花费数年时间。免疫系统只能对部分已知病毒进行一定程度上的防御,对于很多未知病毒或微生物仍旧束手无策。如对于新型冠状病毒入侵,大部分人的免疫系统并不能进行有效抵御和清除。对于人类健康来说,预防胜于治疗,而且越早发现问题就越容易解决,所以增强免疫系统的防御能力对于保障健康来讲具有防患于未然的效果。

未来随着人工智能技术和纳米医疗机器人的发展,电子免疫系统有望帮助人类筑牢身体防线。纳米医疗机器人体积很小,只有纳米级别,在人体血管内随血液循环和游动,可以如同其他普通血细胞一样在血液中存在,经过特殊处理不会对现有血液系统造成损害。

在血液中的纳米医疗机器人将分为三类:一类是负责识别外来入侵者和病变组织的"侦察机器人";一类是负责血液内各种纳米医疗机器人之间信息传递,以及与身体外界的"私人御医"进行通信的"通信机器人";还有一类是负责清除入侵者的"作战机器人"。

整个电子免疫系统的工作过程包括以下五个步骤:

第一步,"侦察机器人"在血液中游弋巡逻,当发现入侵病原微生物或病变坏死细胞时,及时将信息传递给附近的"通信机器人"。

第二步,"通信机器人"装备更强大的无线电通信系统,将侦察信息传递给体外的"私人御医"。

第三步,"私人御医"具有医疗大数据和人工智能核心系统作支撑,根据传递过来的信息迅速进行分析、判断、决策,形成针对性清除方案。针对新型病毒,这些分析决策过程在当前条件下需要数月或者更久的时间,但是在未来医疗大数据和人工智能技术的支持下,在数秒钟的时间内即可完成。

第四步,"私人御医"将清除计划传递给"通信机器人"。

第五步,"通信机器人"通知各个"作战机器人"相互协作,完成清除方案。

经过以上五个步骤,电子免疫系统将外来入侵者消灭于萌芽状态,从源头上保障人类健康。电子免疫系统将成为人体免疫系统的有益补充,对于抵御疾病、延长人类寿命发挥不可替代的作用。

7.5.3 "智能+"疫情防控

2020 年初,新型冠状病毒肺炎疫情肆虐,对国民经济发展和人们日常生活造成了严重影响。人工智能技术在疫情防控和诊断治疗工作中发挥了重要赋能效用。

(1)AI 热成像体温检测

AI 热成像体温检测系统可针对目标人群进行体温检测、人证合一检查以及特殊警情处理,检测准确率可达±0.1℃,并且具有无接触式检测、高精度体温筛查、检查用时短、人力配置少等优点。疫情防控期间,可以满足机场、火车站、医院、学校、社区等人员密集进出场所的体温检测需求,同时也可为发热病人数据追踪提供强有力的帮助。

(2)新型冠状病毒肺炎 CT 影像辅助诊断

该类系统基于胸部 CT 扫描图像,建立一个针对病灶的 CT 影像精准处理人工智能分割模型,对疑似新型冠状病毒肺炎患者进行初步诊断,能够分析病情严重程度,提供定位、定性和定量测量结果,检出新型冠状病毒肺炎病灶和其他病变,进行人工智能分诊动态优化,有效协助肺炎感染筛查和疫情监测。

(3)疫情防控机器人

疫情防控机器人能够为战斗一线的公安、医疗等部门,提供人工智能呼叫排查、追踪等服务。同时可以与电信系统对接,用于重点人群的信息排查。通过机器人替代社区人力,向海量的辖区居民主动拨打电话,调研近期行踪、摸排人员往来,加强重点人员健康监测和跟踪保障。"疫情防控机器人"还可以成为 AI 宣传员,向社区居民主动宣教疫情防控知识。

(4)病毒知识图谱

疫情期间,相关机构和部门积极筹划建设病毒知识图谱系统。该系统集成维基百科、百度百科、新型冠状病毒科研基础数据和科研文献、新型冠状病毒防控以及重要人物信息,基于本体技术和自然语言处理技术实现病毒知识挖掘,并能够提供知识查询服务。

(5) 新型冠状病毒肺炎智能咨询

该类智能咨询系统通过人工智能技术,可以精准地理解用户问题并不断自学习迭代。由专业医生与人工智能机器人合作,提供高效、准确的远程诊疗建议,从而尽可能减少患者聚集到医院就诊引起交叉感染的风险。

(6) 疫情预测

疫情趋势 AI 预测系统运用人工智能技术,依据以往疫情发展历史数据进行学习训练,形成预测模型,根据疫情发展不同阶段、管控力度,由实时疫情大数据预测未来的疫情发展走势。能够帮助人们更快、更好、更精确地了解疫情发展趋势,从而辅助政府部门、医护工作者及广大社会群体对各项事务做出合理计划与安排。

然而利用人工智能来预测,其结果是很难给出科学依据的。因为人工智能寻求的是关联关系,不是因果关系。预测结果是否可信,不能够给出证明。特别是对于不可检验的未知的预测,既不能通过逻辑推理判断模型的对错,又没有现实案例来检验预测的结果。

7.6 "智能+"战场

7.6.1 机器人兵团

人工智能作为新兴技术,正成为推动军事革命的底层驱动力,所催生出的智能化新质作战能力,将深刻改变战争形态,"智能化"将继"机械化""信息化"后成为新型军队的重要标志,未来战场也必将是"智能+"战场[10-12]。

智能战场主要体现在无人平台的智能化和指挥控制的智能化两个维度,如图7-9所示,即机器人兵团和指挥大脑。

图7-9 智能战场两个维度

谈到未来智能战场,大家首先想到的可能是机器人兵团。"机器人"是俗称,在军事术语中的正式称谓是"无人作战系统"。如图 7-10 所示,无人作战系统是指以平台无人操纵为主要特征,由无人作战平台、任务载荷系统、指挥控制系统组成的综合作战系统。

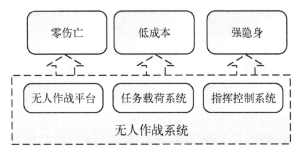

图 7-10 无人作战系统

未来的机器人兵团不仅包含大量具有人类外形的机器人,这类机器人可以模仿人类执行多种任务,其他各式各样的无人车、无人机、无人舰艇也是机器人兵团的组成要素,并且将成为主要作战单元。如图 7-11 所示,试想在未来的战场上,无人预警机和侦察机首先出动,侦测敌方动向和兵力部署,全面掌握战场态势;根据作战任务需要,无人攻击机、无人轰炸机、无人舰艇、无人潜艇出动进行全面攻

图 7-11 无人作战畅想

击;高隐蔽性的微型无人机集群携带小型炸弹,执行特种攻击斩首行动;打击结束后,侦察无人机对作战效果进行全面准确评估。

无人作战平台具有的最大优势,就是能够真正实现"零伤亡"。另外,由于去除了与人相关的设备,无人化设计成本低廉、隐身性能好。因此,与有人作战平台相比其具有非常突出的优势。

当前美俄等军事强国已列装大量的无人机、无人车、无人潜航器等无人作战系统,但大多以人类远程遥控为主,智能程度不高。随着人工智能技术的发展,无人作战平台将逐步具备甚至超越有人驾驶作战平台的智能水平,从遥控无人作战平台升级为自主无人作战平台。在可预见的未来,无人系统将与历史上的坦克、飞机、原子弹和计算机一样,对传统战争观念和作战方式产生强烈冲击。

2019 年 2 月,英国国防部长威廉姆森(Williamson)表示,英国武装部队将在未来几年部署"无人机集群中队"。2020 年 1 月,美国陆军与奎奈蒂克公司(QinetiQ)北美公司和德事隆(Textron)公司签订制造机器人战车(robotic combat vehicle,RCV)的合同。美国也一直在测试互联的协作式无人机集群,这些无人机集群能够共同协作完成多种任务。随着人工智能技术的不断发展,智能无人作战必将主宰战场。

7.6.2　指挥大脑

随着更多智能无人系统加入作战序列,在体系作战方面,需要有能够支撑智能化作战的指挥控制系统——指挥大脑。指挥大脑是整个战场的中枢控制系统,由历次的实战数据和仿真对抗数据做支撑,经过反复训练和学习,具有丰富的"作战经验"。作战系统中各要素都与指挥大脑相连接,战场态势等各种信息汇聚到指挥大脑,同时各个作战单元由指挥大脑控制开展行动。指挥大脑由机器做出战场的各种决策,具有人类指挥员无可比拟的反应敏捷性和控制准确性。

通过人工智能技术,指挥大脑可以提高指挥控制系统态势认知能力、增强海量信息数据分析能力、提高筹划决策水平、打击精准程度和应对复杂态势能力,加快OODA 循环速度,如图 7 - 12 所示。基于人工智能的指挥控制也必然引发指控机制的变化,对作战原则、作战指导、作战方式等将产生深层影响。

当前与作战指挥控制直接相关的人工智能技术当数棋类博弈。在与军事应用直接相关的诸多人机博弈中,人工智能取得了不少胜利。以最近的为例,在 2019年 12 月的第三届全国兵棋推演大赛人机挑战赛上,参加挑战的人类选手是通过全国兵棋推演大赛总决赛筛选出的 11 名优秀选手,对阵国防科技大学团队的智能决策系统"战颜",最终"战颜"以全胜战绩(22∶0)赢得了冠军。

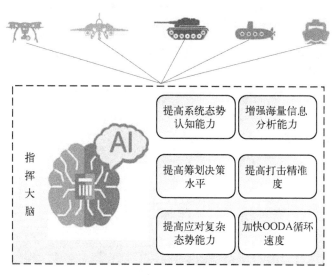

图 7 – 12　指挥大脑概念图

从人工智能在兵棋推演的胜利,可以看到人工智能在未来战争中的巨大应用潜力,指挥控制系统作为军队中的"指挥脑"和"信息脑"[13],在人工智能技术的推动下,必将进一步成为"智能脑"。

与此同时,有些组织和个人也在担心,把武器系统的指挥权交给人工智能机器,会不会给人类自身带来威胁。试想《终结者》电影中的情节,如果人工智能进化到拥有自己的思维,可能会成长出想要统治世界的野心,想成为世界的主宰(图 7 – 13)。届时如果机器操控武器系统攻击人类,将会给人类带来灭顶之灾。

图 7 – 13　机器人统治世界

也有人提出反驳意见,尤瓦尔·哈哈里(Yuval Hahari)在《未来简史》(*Homo Deus*)一书中说道:"假设两架无人机在空中作战,其中一架无人机必须得到人类指挥员的许可才可以发射炮弹进行攻击,而另一架无人机可以完全自主进行攻击,你认为哪一个会赢?"

最终,是否开发和部署这些基于人工智能的指挥大脑,完全由各国政府及其军事人员来决定。但从逻辑上讲,未来战场上,谁的指挥控制智能化水平高,谁的指挥就更高效,对战场局面的掌控就更好[14]。

7.7 "智能+"未来畅想

早上,闹钟一响,当你从美梦中醒来时,智能手环已经跟贴心管家"聊"开了:先生昨天睡晚了,根据数据分析,要来杯特浓咖啡提神;空气净化器检测到有霾,悄然启动;起床灯发现是阴天,调整为渐亮模式;电子日程显示今天有会议活动,贴心管家忙着准备衬衣、西装、皮鞋;等等。

环顾四周,魔力房间的墙壁自动发出温和的光芒,窗帘自动打开,电视机根据你的习惯自动开启,为你播放新闻。你站起身,床很快变成了一个宽大柔软的坐垫。另一头,厨房里,厨房机器人根据健康数据信息已经开始为你准备早餐。厨房机器人拥有灵活的大脑,擅长烹饪数百种菜肴,能根据主人身体体脂和生化指标订制健康饮食。

这时女儿也睁开了惺忪的睡眼。昨晚她在线浏览了一些虚拟衣橱,给自己下单了几件新衣服,当她熟睡的时候,一架无人机就早早地送来了新衣服。这会儿穿上新衣服的她特别开心,并且衣服的尺寸也特别合适。还搭配了一条漂亮的项链,项链是昨晚女儿自己用3D打印机完成的,根据她姐姐发来的设计制成,其色泽完美地搭配了这身衣服。

让女儿感到高兴的是,今天她的学习只需要在家里的"名家私塾"完成。和她一样,学生们会根据课程内容的需要在家学习,而为她们授课的是著名的人工智能鲁教授,他是全国教育系统认证,并拥有数万粉丝的"网络达人"。在女儿学习英语时,鲁教授可以针对她练习口语的需求,通过人工智能技术,帮助她纠正和提高英语口语能力。不过你也不忘记提醒你的女儿,不能贪玩,学习效果要通过评估才能得到学校认可,贴心管家也会根据学校要求和家长指令对她的学习进行监督。功课没有做完,一切娱乐项目是无法启动的。

走到洗漱台前,镜子上显示出了你今天的健康指标——包括血压、胆固醇、体脂率、胰岛素。你对身体血液中的纳米医疗机器人早就不再感到不安,并且你清楚地知道它们为你的身体练就了"金钟罩"。洗漱完毕后,来到餐桌前。空气中氤氲着精心准备好的咖啡的香气,你懒懒地舒展着胳膊,轻轻地品尝了一口最喜爱的咖啡。一份美味的早餐已送到了你面前。你一边吃饭,一边在大脑中飞快地"预想"着一天的工作。吃完早饭,戴上 AR 眼镜,通过手指触摸(触摸空气),就可以查看天气、交通、日程安排等信息。

要出门上班了,贴心管家已通知了无人汽车恭候多时。你说了一句"去公司",早已识别出身份的智能汽车立刻规划好最便捷的路径,开始自动导航驾驶。在路上,你和贴心管家实时联系,安排家里事务。半小时后,当你的自动驾驶汽车完美地停入停车场的一个狭小空间时,你自叹不如。因为你已经有一段时间没有自己开车了。有了人工智能的辅助,你已经完全不练习了,自己当然做不到。

到达公司——智能工厂,实时看到各条生产线的生产状况及订单产品的加工状态,来到自动化生产线,这个以前需要成百上千工人维持运行的工厂,现在只有几个人在维持运作,工业机器人俨然成了这里的主角。一个个"可爱"的机器人,在秩序井然地运输着物料和产品。你戴上 AR 眼镜,通过网络实时获取生产环境数据、生产设备数据以及故障处理指导等信息,监控生产流程。此时,一台机器人出现故障,你立刻连线远程专家系统进行维护。很快,维修机器人送来 3D 打印好的崭新零部件,进行了更换。没过几分钟,这台出现故障的机器人重新开始工作,工厂里一切进行得井然有序。

会议时间到了,你在虚拟现实系统中与几位同事进行会议,因为他们处在世界各地的不同位置,并且会议议题很重要也很敏感,所以你们希望交流尽可能丰富,让所有人都能看到对方的面部表情和肢体语言。电话中的几位参与者并没有把汉语作为大家的第一语言,所以他们的语言通过一个实时机器翻译系统翻译出来。虽然你听到他们说的话与他们嘴部的动作不完全一致,但是这个系统对他们的声音特征和发音之间的转换非常可靠。

一天工作结束,下班回家走到家门口,智能门锁通过步态识别技术,不用你按指纹,门就可以自动打开。房间会根据你下班的心情自动变换装饰风格。当你累了,房间会从地面构造出一个宽大柔软的坐垫。它的外形完美贴合人体,让每个部分的压强最小,这样的沙发比真正的沙发更舒服。

贴心管家借助 AR 设备,根据你在路上的面部表情,向你身体发出了预警,"私人御医"出场了。"私人御医"以用户健康监测大数据、病症描述大数据、医学知识大数据为支撑,根据数以亿计的人提供的完整临床记录和诊疗方案,以及从可穿戴设备自动获取的个人体征数据,迅速诊断出了身体不适的原因,并为你制定了个性化的治疗方案。经诊断,不过是虚惊一场,原来是由于你下午运动时肌肉有轻微拉伤,你需要做的是适当减少运动,保证充足的休息。

此时,电视机已根据你的习惯为你播放经常看的军事新闻。世界并不和平,局部冲突的事件时有发生。这天的新闻里为你播放的正是那个被名为"世界火药桶"的地方,那里又爆发了冲突。电视里充满着无人机、无人车、无人潜航器等无人作战系统对抗的画面。而带领他们的是极少数几个装备了全动力外骨骼设备的"超级战士"。在上千千米外,人工智能指挥大脑实时获取战场信息并下达指令。不过根据新闻播报,这次冲突没有一个人受伤,但无人作战系统伤亡的数据却不容乐观。为此,发生对抗的两国纷纷谴责对方的无人机先发动了袭击,以及有部分无人车擅自闯入了对方领域。作为一个军事迷,你担忧的是,这样的冲突如果持续下去,如果有一天机器人意识到人类不过是在利用他们,鼓动他们进行"自相残杀",因而产生对人类的报复心理时,这对人类而言似乎不是一个乐观的消息……

参 考 文 献

[1] 李开复. AI·未来[M]. 杭州:浙江人民出版社,2018.

[2] Jarrahi M H. Artificial intelligence and the future of work:human-AI symbiosis in organizational decision making[J]. Business Horizons, 2018, 61(4):577−586.

[3] Stone P, Brooks R, Brynjolfsson E, et al. Artificial intelligence and life in 2030[R]. One Hundred Year Study on Artificial Intelligence:Report of the 2015−2016 Study Panel, 2016:52.

[4] Schneider S. Artificial you:AI and the future of your mind[M]. Princeton:Princeton University Press, 2019.

[5] 约瑟夫·E. 奥恩(Joseph E. Aoun). 教育的未来(人工智能时代的教育变革). 李海燕,王秦辉译. 北京:机械工业出版社,2019.

[6] Goksel N, Bozkurt A. Artificial intelligence in education:current insights and future perspectives [M]//Handbook of Research on Learning in the Age of Transhumanism. Hershey:IGI Global, 2019:224−236.

[7] 张卫,李仁旺,潘晓弘. 工业 4.0 环境下的智能制造服务理论与技术[M]. 北京:科学出版社,2017.

[8] 张学高. 人工智能+医疗健康:应用现状及未来发展概论[M]. 北京:电子工业出版社,2019.

[9] Jiang F, Jiang Y, Zhi H, et al. Artificial intelligence in healthcare:past, present and future[J]. Stroke and Vascular Neurology, 2017, 2(4):230−243.

[10] 戴浩. 人工智能技术及其在指挥与控制领域的应用[EB/OL]. http://www.sohu.com/a/131912845_358040[2018−12−16].

[11] 保罗·沙瑞尔. 无人军队:自主武器与未来战争[M]. 朱启超,王姝,龙坤译. 北京:世界知

识出版社,2019.

[12] 段海滨,邱华鑫,陈琳,等. 无人机自主集群技术研究展望[J]. 科技导报,2018,36(21)：90-98.

[13] 戴浩. 指挥控制的理论创新——网络赋能的 C2[J]. 指挥与控制学报,2015,1(1)：99-106.

[14] 金欣. 指挥控制智能化现状与发展[J]. 指挥信息系统与技术,2017,8(4)：10-18.

第8章　人工智能的双奇点

　　奇点(singularity)的概念最早应用于数学和物理学专业中,通常指产生变化的点,现已成为其他专业领域学术讨论的焦点。人类历史中的奇点指的是由于技术的迅速发展,人类社会中的一切都将会被彻底颠覆,将出现目前无法理解的巨变,这些变化不仅包括经济、社会、法律和伦理等方面,甚至还可能会涉及人类最根本的价值观。在经济基础决定上层建筑的论断下,经济是人类社会的一面镜子。因此,本章从技术和经济两个维度剖析人工智能的"双奇点"精髓,畅想人工智能及其技术未来可能颠覆人类社会、经济和政治等的新变革。在思想上牵引读者穿越到未来,张开双臂拥抱人工智能的未来。

8.1　奇点概述

　　作为一名传奇发明家和人工智能未来的预测家,雷·库兹韦尔(Ray Kurzweil①)几十年一直专注于对人类未来及机器的思考,在其著作《奇点临近》[1]中指出:"'奇点'表示独特的事件以及种种奇异的影响。在人工智能领域,奇点的出现则意味着加速回报定律达到了极限,技术进步以指数性而非线性的速度发展,而奇点之后人类将面临一个完全不同的世界,一般用智能爆炸、计算机人工智能等超过人类生物智能来描述技术奇点。"

　　英国作家卡鲁姆·蔡斯②(Calum Chace)的著作《人工智能:技术与经济的双

---

① 雷·库兹韦尔,奇点大学创始人兼校长、谷歌技术总监,毕业于麻省理工大学计算机专业,曾获9项名誉博士学位和2次总统荣誉奖。
② 卡鲁姆·蔡斯,毕业于牛津大学哲学系,曾撰写《人工智能革命》《潘多拉的大脑》和《经济奇点》等兼具前瞻性、学术性和可读性的著作,对于人工智能及相关技术对人类社会经济、伦理和政治等方面产生的影响洞见深刻。

重奇点》[2]（*Artificial Intelligence and the two Singularities*）对未来人工智能及其技术对人类社会、经济和政治等可能带来的影响进行独到分析，并提出了人工智能的技术与经济"双奇点"（the two singularities）的概念。其中，技术奇点出现的标志是能够最终实现超级智能（super intelligence）的通用人工智能（artificial general intelligence，AGI）的到来；而经济奇点出现的标志则是指随着人工智能的发展，大多数人因为技术性失业而无法谋生，经济基础被迫发生变革，人类文明面临着崩溃的危险。卡鲁姆·蔡斯强调"双奇点"中技术奇点存在着更大的风险，必须加以有利的引导，否则会酿成人类文明终结的悲剧；而经济奇点不太可能构成严重威胁，经济社会发展会受到严重影响但不会造成人类文明灭亡。

库兹韦尔则认为，未来出现的智能将继续代表人类文明——人机文明，未来的计算机尽管是非生物的，但他们也是人类，这将是人类进化的下一阶段，人类文明的大部分智能将是非生物的。

8.2　技 术 奇 点

8.2.1　AGI 的创造

AGI 的产生是技术奇点到来的重要标志。那么人类能创造出它吗？如果能，何时创造出来？

回顾漫长的生物进化史，AGI 终将到来，因为人类的大脑就是智能可以诞生于

图 8-1　技术奇点

普通物质材料之中的有力证明。在数十亿年的生物进化史中，人类的智能演变充满着不确定性，人类的祖先在物竞天择的规律下不断地适应环境，战胜其他竞争对手，将优势基因代代相传，而大脑作为人类智能的源泉，也在残酷而漫长的自然法则下进行着缓慢的进化。如今，人工智能的发展不再受到自然进化的制约，人类正在以有目的、高效率的科学方法推动着人工智能的发展，而加速回报定律也预示着未来人工智能将以更快的速度演化。

建造出具有意识的 AGI 智能系统，即一个能表现出人类智力行为的人工系统，主要有基于弱人工智能、全大脑模拟和发展意识构建综合理论三种方式。

（1）基于弱人工智能

机器学习是由弱人工智能（artificial narrow intelligence，ANI）发展出 AGI 的关键技术，主要研究计算机怎样模拟或实现人类的学习行为，以获取新的知识或技能，重新组织已有的知识结构使之不断完善自身的性能。机器学习系统的运行方式和人脑的运行方式并不完全类似。人类大脑像一个由硬件部件（神经元）组成的截然不同的巨型系统阵列，神经元在脑部整个空间随机分布，目前还不清楚意识如何从大量的神经环路的相互作用中产生，但清醒意识的产生需要大量的神经同时运行。

神经科学家们一直关注的热点是机器学习及其他运算类型多样的系统能否产生意识。深度学习是目前应用最广泛的机器学习算法，纽约大学的心理学教授盖瑞·马库斯（Gary Marcus）认为，"深度学习只是建造智能机器更大挑战的一部分，这些技术距离整合抽象知识的能力仍然还有很大差距。诸如什么是物体，它们为什么存在，如何使用它们等难题尚未完全解决"。计算神经学家斯蒂芬·古德曼（Steve Goldman）对深度学习与大脑运行方式的不同给出了较好的描述："要教会电脑认识狮子，你需要给它看数百万张不同姿势的狮子图片，而人类只需要看少量的图片。人类能在更高的抽象水平上把事物分类。"

按照加速回报定律，电脑能力的指数级进步会加快 AGI 的发展。很多人工智能研究者相信，在几十年内而不是几个世纪，机器学习技术可能导致 AGI 的产生。

（2）全大脑模拟

全大脑模拟是指类似于生命体基因物质图谱的详细大脑路线图，依靠非常细致地对大脑结构进行建模，使模型和原始的大脑产生同样的输出。模型产生的思想与大脑的思想不可区分称作全大脑模拟，而如果模型的思想与大脑的思想大致相似却在一些重要方面有所区别，则称作仿真。

全脑模拟是一项巨大的工程。大脑是整个宇宙中人类所能认识的最为复杂的

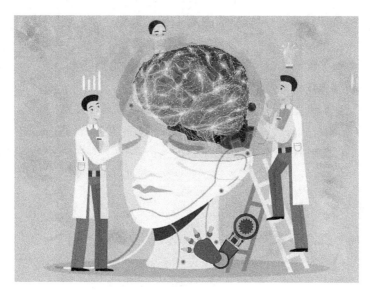

图 8-2　AGI 诞生的途径之一——模拟人脑

事物,虽然重量只有 1.5 kg,但人类大脑总共包含约 860 亿神经元(脑细胞),每个神经元可与其他 1 000 个神经元产生连接,每条连接上每秒可发送 200 个信号。每个神经元包含有一个细胞体,一个给其他神经元传送信号的轴突,成千上万个接收信号的树突。轴突和树突通过递质在细胞间相互传输信号。信号以电信号的形式传输到细胞间隔,通过释放神经递质这种化学信使让信号跨越细胞间隔而传递,树突自身也能产生强于神经体的信号。大脑内部和神经元之间充满了神经胶质细胞,它们能为神经元提供支架。神经细胞树突和神经胶质细胞不像二进制的芯片,它们并不是简单的开关。神经元会根据受刺激的强度和频率在突触间发射信号,并且发射信号的强度和频率也会相应改变。突触可塑性的现象指的是两个神经元通信次数足够多,他们的连接变得更强,互相之间更有可能有发射信号的反应。

全大脑模拟技术的三个关键问题是扫描、计算能力和建模。扫描是指用现代显微技术全面扫描人类大脑。此技术的挑战在于成像的精度——大脑模拟需要的分辨率在纳米尺度,比微米尺度高一千倍,常用的核磁共振图像分辨率仅为微米,无法满足要求,需要用先进的透射电子显微镜或扫描电子显微镜在皮米尺度快速准确地扫描大脑物质。此外,与传统精细切片扫描不同,科技的进步让细小的纳米机器人进入大脑并探测神经元和胶质细胞扫描活的大脑成为可能,可带回足够的数据创建 3D 图像。

计算能力是全大脑模拟的一个重要挑战。在神经层次上,大脑运行在每秒百亿亿次的尺度,即它每秒执行 1 亿亿次到 100 亿亿次浮点运算,而若要涉及每个神经元里发生的事情,计算的尺度会提升一个数量级。建模人脑需要超过百亿亿次的计算能力。由于百亿亿次计算机(又称 E 级计算机)原型系统已在气象建模、天文学、弹道分析、工程研发等科学、军事和商业行为已有阶段性发展,因此计算能力似乎不会长期成为建模人脑不可逾越的障碍。

建模是实现全大脑模拟的困难瓶颈。如果未来某科学团队成功扫描和记录了每个神经元、胶质细胞和人脑其他重要组分的确切位置,而且他们拥有足够的计算和存储能力来存储和处理数据结果,他们仍然需要识别各种组分,填补所有空白,计算出各组分怎样相互作用,使得到的模型重现原始大脑被切成小片之前的过程。

(3)发展意识构建的综合理论

构造 AGI 的第三种方法是发展意识构建的综合理论,其目的是全面理解意识的工作机制,并运用这些知识来建造人工智能。虽然神经科学在最近的 20 年取得了比之前在整个人类历史上都更为卓越的进步,但构建意识的完整理论这一目标仍遥不可及,因此 AGI 的到来也充满了变数。

人类曾仰望天空,羡慕并渴望拥有像鸟儿一样飞翔的能力,人类的先驱在不断的思考中模仿鸟的动作尝试着去飞翔。但是,人类最终实现的飞翔却不是在复制鸟的飞翔,直到今天,关于鸟怎么飞翔的某些细节尚不清楚,但人类却能依靠其他技术比它们飞得更远、更快。人工智能或许也一样。第一个 AGI 或由全大脑模拟而生,其理论支撑或许只是对特定人脑中全部神经元和其他细胞互相协调运行的部分理解。人工智能也许只是数千个深度学习系统的集合,创造出与人类大不相同的智力模式,以人类目前所无法理解的方式运行着。许多人工智能研究者认为,建造和理解人工智能是一种能够让我们更容易理解人类大脑工作细节的特殊途径。

进化是一个虽然强大却缓慢而低效的进程,而科学方法则相对更快而高效,虽然人类尚不确定能否建造出人工智能或者有意识的机器,但是世界上 70 亿有意识的人,证明物质实体能产生意识,所以原则上大脑可以被建造。

8.2.2 超级智能

超人工智能(artificial super intelligence, ASI)通常简称为"超级智能",它之所以去掉前缀"人工",因为在大自然中没有它的先辈。人类已经接近了生物可以达到的智慧的极限,是这个星球上最聪明的物种,地球上其他所有物种的命运很大程度上将取决于人类的决策和行动。然而,在智能领域的某些方面,人类已经被自己所创造的产物超越——超级计算机处理数据的过程比人类要快得多也可靠得多;在围棋领域,电脑已经取得了对人类选手的全面胜利。

超级智能代表的是一些远比人类聪明的意识体,在智慧上他们领先人类的距离就如同人类领先蚂蚁的距离——他们可以在同一时刻在"头脑"中持有更多事实和观点,他们以特殊的方式使用数学运算和逻辑论证来更快更可靠地工作,他们也不会被困扰人类思想的偏见和误解所影响,人类正在亲手创造着这样的一个新物种。

图 8-3　超级智能离我们并不遥远

ASI 可以通过 AGI 增强自己的智能来实现,主要有三种方式:更快、更大或者拥有更好的构造。

(1)更快

如果第一个 AGI 是一个模拟大脑,它开始运行的速度和所模拟的人脑的速度一样,信号在神经元突触间按照每秒 100 米的速度传输,一个神经元的轴突和另一个神经元的树突相连接。这个交叉点可以让化学物质跃过神经元的间隙,而突触的跳跃部分比电信号部分慢得多。

相比之下,计算机中的信号传输速度普遍在 2 亿米每秒,远比大脑的信号传输速度快,一个模拟大脑 AGI 可以比人的处理速度快 2 百万倍。如果这种 AGI 有意识的话,它会以比人类快 2 百万倍的速度体验生活,并能体验到对于我们人类来说太快而无法跟上的事件,比如急速发生的爆炸。

(2)更大

到目前为止,所有类型的计算机都可以通过硬件拓展而提高效能,现代超级计算机由大量的服务器组成。中国"天河二号"的 125 个机柜中有 32 000 个 CPU,而且内存可随硬件的插入而不断拓展。

目前还不知道哪种计算机技术可以生成第一个 AGI,它可能使用神经形态芯片来模拟大脑运作方式的某些方面,甚至是量子计算,即利用量子纠缠和超距作用等诡异的量子现象来探索 AGI 的产生。一旦第一个 AGI 被创造出来,它的智力就可以通过某种方式添加额外的硬件来扩充,而人脑几乎不可能做到这一点。

（3）更好的构造

尽管人类是地球上最有智慧的物种,但是这个星球上最大的大脑却另有所属,这份荣誉归于抹香鲸,它的大脑质量达到了 8 千克,相比而言,人类大脑只有 1.5 千克。

大脑和身体的质量比也不是智力的决定性因素,因为蚂蚁的大脑和身体的质量比就比人类高：它们的大脑质量是它们身体的七分之一,而人类的是四十分之一。人类卓越的智力是由大脑皮质产生的,它是大脑的深层折叠区域,是最后进化出来的部分。这些褶皱大大提高了表面积,并促进了连通性。人类大脑皮质和其他脑部区域的比例是黑猩猩的两倍。

不管第一个 AGI 是由模拟大脑发展而来,还是通过弱人工智能来构建,一旦它被开发出来,它的创造者们就可以进行实验,改变它的部分或整体构造。使用一个、两个或者一百万个版本的主体进行受控测试以观察哪个版本运行得最好。AGI可以进行自我测试,也可以设计自己的继任者,这个继任者可以接着设计自己的继任者。而人类大脑无法完成这种事。

8.2.3　人类离超级智能有多远

尼克·波斯托姆（Nick Bostrom）在其著作《超级智能》中质疑：用枯燥的数学方式创造一个超级智能有多难？他认为,智能的变化速度等于优化能力除以抗性,超级智能的进展取决于付出的努力除以减缓它的因素[3]。付出的努力当然包括时间和金钱,主要体现在计算机硬件和人的智慧资源。如果第一个 AGI 是由最先进的计算机的处理性能的增加而产生的,那么通往扩展额外硬件的探索之路将会打开得非常缓慢。如果寻找恰当的软件架构,即用于模拟的神经结构,或者基于弱人工智能的算法开发是一个瓶颈,那么也许就会出现"计算机过剩",这是一种硬件性能的富余现象,可用于投入到处理超级智能的任务中。

如果当人类创造出了超级智能,会创造一个,两个,还是更多?这个答案在某种程度上取决于从 AGI 到超级智能是智能爆炸还是更为平缓的过程。如果一个人工智能实验室领先于其他实验室达到了目标,而且在它的成功之后接着就是智能爆炸,那么第一个超级智能就会采取措施阻止竞争对手的诞生,以消除对自身生存的威胁并保持所谓的"单体"。另一方面,如果众多实验室都或多或少在同一时间跨过了超级智能的终点线,那么地球上将会出现成百上千个具有独立思想意志的超级智能共存的局面,一旦它们之间爆发冲突,人类都将成为脆弱的旁观者。但是,也有学者认为这是杞人忧天。尽管推动 AI 发展的关键技术"深度学习"近年来取得了显著的成就,但人们对该领域在未来 10 年能够取得的成就的预期,往往远高于可能达到的水平。虽然一些改变世界的应用程序(如自动驾驶汽车)已经触手可及,但在很长一段时间内,更多的应用可能仍然难以达到人类期望的水平,比如可信的对话系统、跨任意语言的人类水平的机器翻译以及人类水平的自然语言理解。特别是,达到人类水平的通用人工智能仍然比较难以实现。

历史上人工智能曾经历过一个极度乐观的周期,紧接着是失望和怀疑,结果导致资金短缺。在早期,人们对人工智能的预测很高,早在 20 世纪 60 年代就曾经出现过符号人工智能,马文·明斯基(Marvin Minsky)是这种符号人工智能方法最著名的先驱之一。他在 1967 年声称:在一代人的时间内,创造"人工智能"的问题将会得到实质性的解决。三年后,他又做了一个更精确的量化预测:"在 3~8 年的时间里,人类将拥有一台具有普通人智力的机器。"然而这样的成就似乎仍然遥远。到目前为止,还无法预测它会持续多久,但在 20 世纪 60 年代末和 70 年代初,一些专家认为它就在眼前。几年后,由于这些高期望值没有成为现实,研究人员和政府资金开始远离这一领域,这标志着第一个 AI 冬天的开始。

20 世纪 80 年代,一种对符号人工智能的全新理解——专家系统(expert systems)开始在大公司中掀起热潮。一些成功故事引发了一波投资浪潮,全球各地的企业纷纷成立自己的内部人工智能部门,开发专家系统。1985 年前后,每年在这项技术上的花费超过 10 亿美元;但到 90 年代初,事实证明,这些系统的维护成本高昂,难以扩大规模,范围有限,人们的兴趣逐渐减退。第二个 AI 冬天就这样开始了。

人类可能正在见证第三轮人工智能的炒作和失望,目前仍处于极度乐观的阶段。最好是降低人类对短期的期望,并确保不太熟悉该领域技术方面的人清楚地知道深度学习能带来什么,不能带来什么。

8.3　经济奇点

经济奇点,根据学者威廉·诺德豪斯(William Nordhaus)的定义,是指一个关键的时间点,越过这个时间点后经济会持续增长,且增长速度会加快。

8.3.1　自动化与技术性失业

未来几十年内,随着人工智能技术奇点的显现,机器智能的发展将深刻地影响人类社会的经济结构,造成更为严重的"技术性失业"[①](图8-4)。

图8-4　自动化可能会导致大规模技术性失业

回顾人类社会的发展历史,技术的进步常对经济和社会带来深远的影响。工业革命时期,自动化帮助人类在整体上提高了生产率和产出值;信息革命时期,人类第四次大变革浪潮,机器在认知任务上的表现越来越胜过人类。过去几轮的自动化主要是机械化取代了人类和动物的肌肉力量,而即将到来的浪潮将颠覆人类的认知能力。机器不会吃东西、睡觉、喝醉、犯困或脾气暴躁,一旦机器能完成你的工作,它很快就能比你做得更快、更好、更便宜。在包括图像、语音识别在内的多种模式识别中,机器都已接近或超越人类能力水平,而且这种差距还将随着 AGI 的到来以指数级的速度持续拉大,甚至有一天机器将会拥有处理自然语言的能力。

---

① 技术性失业,是指由于技术进步所引起的失业。在经济增长过程中,技术进步的必然趋势是生产中越来越广泛地采用了资本、技术密集性技术,越来越先进的设备替代了工人的劳动,这样,对劳动需求的相对减小就会使失业增加。此外,在经济增长过程中,资本品相对价格下降和劳动力价格相对上升也加剧了机器取代工人的趋势,从而也加重了这种失业。属于这种失业的工人都是文化技术水平低,不能适应现代化技术要求的人。

8.3.2　出现场景

虽然"经济奇点"尚未到来,可根据当前人类社会发展的现状设想一下"经济奇点"的具体场景,从而更早地为这些可能出现的变革做好准备工作。

（1）没有变化

普利策奖得主、《纽约时报》资深记者约翰·马尔科夫（John Markoff）曾在 2015年就感叹技术进步的减速:早在 2013 年,摩尔定律在降低计算机组件的价格方面就已经失效;自 2007 年智能手机发明以来,科学界没有任何深刻的技术创新,基础科学研究基本上已经死亡,再也没能出现像施乐（Xerox）公司下属的帕洛阿尔托研究中心（Palo Alto Research Centre, PARC）那样的顶尖科研机构,也没有开发出今天大家耳熟能详的种种计算机基本功能,例如图形用户界面和个人计算机等。

马尔科夫在硅谷长大,早在 20 世纪 70 年代,他就开始撰写关于互联网的文章。他担心创新精神和企业精神已经消失殆尽,并扼腕叹息顶尖技术专家或企业家的稀缺。那些曾影响世界的伟大人物,如道格·恩格尔巴特（Doug Engelbart,鼠标及许多计算机部件的发明者）、比尔·盖茨（Bill Gates）和史蒂夫·乔布斯（Steve Jobs）等已再难寻觅,而今天的企业家们只不过是些盲目的模仿者,绞尽脑汁兜售着各类低端产品。他承认,技术发展的步伐可能会再次加快,但对人工智能不屑一顾,因为人工智能还没有产生真正的意识,但他认为,增强现实技术可能会成为新的创新平台,就像 10 年前的智能手机一样。

很多人认为,马尔科夫在某种程度上是在作秀,他怀着 60 年代的怀旧之情沉溺在已逝去的辉煌之中难以自拔。他的批评轻率地无视了深度学习、社交媒体和其他许多新技术研究的成果,并武断否定了科技巨头和世界各地大学正在进行的多项基础研究。然而,马尔科夫确实清晰地表达了一个普遍存在的观点,即许多人认为工业革命对日常生活的影响要比信息革命大得多。在铁路和汽车出现之前,大多数人从未走出过所生活的村庄或城镇,更不用说去国外了。在电力和集中供暖系统出现之前,人类的作息活动是由太阳所支配的:即使你有足够的特权能够阅读,但在暗夜的烛光下阅读却既昂贵又乏味。

但是,人类却容易忽视信息时代所带来的种种革命性变化。电视和互联网展示了世界各地的人们是如何生活的,借助谷歌、百度、维基百科以及其他网络发明,人类才能拥有近乎无所不知的能力。在阅读、识别图像和处理自然语言的能力上,机器已与人类不相上下。而且尤其需要记住的是,信息革命才刚刚开始。即将到来的剧变将使工业革命在相比之下黯然失色。

诺贝尔经济学奖获得者罗伯特·索洛(Robert Solow)在1987年曾有一句名言:"除了生产率的统计数据,你在其他任何地方都能看到计算机时代的影子。"另一位著名经济学家罗伯特·戈登(Robert Gordon)在专著《美国经济增长的兴衰》(*The Rise and Fall of American Growth*)中指出,生产率增长在1920年至1970年期间处于高位,此后没有发生什么变化[4]。任何经历过20世纪70年代的人都知道这是无稽之谈。在那个年代,汽车总是会抛锚也不安全,黑白电视只能播出少数几个频道,而且每天还有好几个小时完全停播,国外旅行极少而且非常昂贵,生活中也没有全知全能的互联网。众多激动人心的技术进步改善了这种相当骇人听闻的窘境,然而却并没有在被生产率或国内生产总值统计数据中得到体现所记录下来。对变革的度量一直以来都是一个问题。如果一名律师有意加剧一对离婚纠纷客户间的敌意,当然会赚得盆满钵满,因为这会增加服务费用并提升国内生产总值,但这名律师的行为只是在贬损人类的幸福总和。《不列颠百科全书》对国内生产总值有贡献,但维基百科却没有。现在使用的电脑可能和十年前的价格差不多,因此对国内生产总值的贡献是一样的,尽管今天的版本与旧版本相比是一个奇迹。人类生活的改善似乎正日益脱离经济学家衡量事物的标准。深化并加速这一现象的很有可能是自动化技术的发展。

(2)充分就业

人类历史的发展并未支持勒德谬误(Luddite fallacy),该谬论认为全世界的工作量是一定的,因此科技的发展会不可避免地取代一部分工作,从而造成失业。

当机器可以更便宜、更好、更快地完成大多数事情时,人类又当如何应对?如果人类和机器在满足需求的收入曲线上继续相互追逐,必将会到达一个临界点——人类将因为机器工作的高效能而失去了继续投入的意义。

人类将在机器智能时代继续保有工作的七个例子可以总结如下:

1)将与机器形成类似于半人马的合作伙伴关系,机器们将负责暴力计算和低端认知任务,人类将提供想象力、创造力和天分。

2)借助机器智能,人类能够通过大量数据进行搜索并显示所有可能的相关性,这样就可以执行以前无法完成或难以承受的繁重任务。人类已经在律师能够以低得多的价格审查数以千计的就业记录的案例中看到了这一点,称之为冰山效应。

3)人类将完成所有心理类的工作,而机器做不到,因为它们没有自主意识。

4)人类会从其他人那里购买产品(或许还有服务),而不是机器加工出的产品,这是因为人类有一种天生的沙文主义,或者是因为人类生产的产品具有不完美和略有不同的手工艺品质。

图 8-5　人工智能也将孕育出更多的就业机会

5）企业家将永远是人类,而机器不可能成为企业家,因为它们没有人类的抱负和远见。

6）艺术家将永远是人类,这是机器无法做到的,因为艺术需要一种经验的交流,而无意识的机器则缺乏鲜活的艺术体验。

7）如果以上设想都失败了,打开神奇的工作抽屉,那里会飞出各种各样的新鲜事物,这些新事物是人类今天无法想象的,因为使它们变为可能的新技术还没有发明出来。

（3）一场灾难

文明是脆弱的。众多曾盛极一时的帝国最终都土崩瓦解:希腊、波斯、罗马、玛雅、印加、莫卧儿、高棉、奥斯曼、哈布斯堡王朝等。如果技术性失业率急剧上升,而且还没有对此充分准备,很多人将会迅速失去收入。当民众开始抛售财产以求自保时,政府将无力快速应对资产价格市场的崩盘。如果某些国家收入的替代物出现缓慢或失败,由此产生的经济危机将导致政府被不负责任或愚蠢的领导人颠覆。在这种情境中,人类首先需要祈求的就是这一切不会发生在任何一个拥有大量核武库的国家里。

在发达国家,以及越来越多的其他地方,人类的生活相互交织,相互依存。特别是如果生活在城市(这是目前超过一半人口的现状),所有人都依赖着实时的物流系统向各地的商店提供食品和其他必需品,如果所有的超市突然失去供应链,在忍受饥饿中人类还会存活多久?

21 世纪的全球文明表面上看起来非常强大,但新型冠状病毒的全球漫延使人类经历了自20世纪30年代大萧条以来最严重的经济衰退。对于绝大多数人来说,这种经历就像二战前的危险年月,在衰退和萧条中酝酿出了一场灾难。

8.3.3　应对方案

技术奇点会对人类生存产生威胁,而经济奇点可能不会,但经济奇点可能很快就会到来,因此首先考虑寻求解决它所带来的挑战的方法。需要从现在开始,建立研究机构和智库来研究这些问题,吸引各种不同的意见,提出各种想法和解决方案。认知自动化还没有开始导致技术失业——或者至少在很大程度上没有。机器学习"大爆炸"仅仅发生在几年前,深度学习的巨大力量尚未被科技巨头以外的许多组织所利用。人类应该监测事态发展,制定预测和设想。

（1）监测和预测

智库和研究机构的核心任务之一将是监测世界主要经济体的发展情况,并在重大趋势显现时提醒大家。但仅凭经验处理数据是不够的。人类将面临的挑战是未来,而不是过去,目前还没有关于这些挑战的数据。尽管在预测方面存在着众所周知的问题,但人类既需要预测,也需要监控。

预测市场可能是部分答案。当人类对预测博弈有所了解时,会做出最好的估计。当人类看到自己的工作或别人的工作被自动化时,给他们提供一个下注的机会,这可能是提高预测的有效方法。同时还利用了一股引人注目的力量——群众的智慧。在预测市场中,有人会问一个问题,通常需要回答"是"或"否",比如,该国总统是否会被弹劾? 其他人可以买卖"是"或"不是"的合约。如果问题的答案是肯定的,则支付"是"合同;如果答案是否定的,则支付"否"合同。合同价格的变动是由供求关系决定的,是对事件发生概率的预测。因此,如果支持弹劾特朗普的合同在市场上定价为80美元,这意味着市场认为特朗普在第一任期结束前被弹劾的可能性为80%。当特朗普的第一个任期结束,或者当他被弹劾时,市场就会结束,无论哪个先发生。如果他被弹劾,合同的价格就会上升到100美元,否则就会降到0美元。

（2）情景规划

人类往往缺乏足够的信息来制定期望的经济和社会发展详细计划。但人类可以也应该做详细的情景规划。情景规划自古以来就被军事领导人所采用,其来源于赫尔曼·卡恩（Herman Kahn）。赫尔曼·卡恩在20世纪50年代为兰德公司（RAND Corporation）工作时,写了一篇关于美国军方未来的文章,情景规划就是出自该文章。在 20 世纪 70 年代石油输出国组织(OPEC)的崛起让壳牌(以及其他石油行业)陷入灾难性的混乱之后,壳牌采取了情景规划。

情景规划更多的是一门艺术而不是科学,但它可能是一门有价值的学科。当把对未来的想法写下来的时候,人类不得不严格地考虑它们。由从事这项工作的聪明人组成的智库和研究机构可以做出有价值的贡献。情景规划另一个非正式的版本是未来学家和未来学者的日常工作,这些人经常被广大公众怀疑。或许这种情况将会改变——事实上,或许未来学将被视为一种关键任务的职业。科幻作家和电影工作者在提供生动的隐喻和警告方面也扮演着重要的角色。如果他们(尤其是电影制片人)探索更乐观的场景,而不是重温旧的反乌托邦场景,那将会很有帮助。

(3) 全球性问题

技术失业将影响到每个国家,尽管速度不同,方式也可能不同。人类在与时间赛跑,以找到解决问题的办法,但不是在与对方赛跑。人类能够而且应该合作。目前,在政客们谈论人工智能的场合,他们通常谈论的是确保他们的国家在某种类型的人工智能竞赛中处于领先地位,或者至少不要落后太多。当然,每个政府都应该努力促进人工智能的国内发展,因为这将在经济上造福于人民。但当涉及重大问题——奇点,他们应该一起工作,分享想法,互相学习。

人工智能最发达的地区很可能会在这场辩论中占据主导地位。加文·纽森(Gavin Newsom)是加利福尼亚州第 40 任州长,他将科技失业的前景描述为"红色代码,消防水管,海啸,即将来临",并承认"我正在努力解决……我没有该死的答案"。他没有把机器人作为解决方案的一部分,他认为教育很重要。2017 年 8 月,旧金山市议会的一名成员发起了一项名为"未来基金的工作"(Jobs of the Future Fund)的活动,研究全州范围内针对窃取工作机会的机器征收的"工资税"。只有通过这样的交流和尝试,人类才能在实践中讨论和寻求解决"技术奇点"的难题。

8.4　未来已来,将至已至

8.4.1　璀璨明珠

人工智能的发展高潮与低谷几经"季节变化",当前被公认为是科技和技术的璀璨明珠,正在对人类的工作、生活、文化等各领域产生变革性的影响。继谷歌开发的 AI 围棋选手大胜人类职业围棋玩家之后,其开发的新一款人工智能程序在《星际争霸2》游戏中,又取得了对人类职业玩家的压倒性胜利。人工智能非营利组织 OpenAI 中的 GPT－2 语言模型可以写短篇小说、诗歌,甚至轻松辨别《哈利·波特》和《指环王》中的角色。在医学影像的分析识别中,人工智能虽然可以实现对影像的初步筛选,但未来也要考虑到目前最复杂的深度神经网络模式识别工具的脆弱性。在一些表面看似与人工智能毫不相干的领域,如蛋白质折叠、DeepMind 预测风力发电产能并提高谷歌使用农场风能的价值等,人工智能正崭露头角。未来人工智能将在可再生能源、物种保护、生物医学等新兴领域取得突破。

人工智能和机器人补充人类技能的系统也在推广应用,合作机器人和云机器人越来越多地与人类合作、与其他机器人合作,让人类能够专注于我们最擅长的事情:敏捷、创造力、直觉、同情心和沟通。

"人工智能的魔力"也正在走向成熟、尘埃慢慢落定。2019 年 8 月的 *Nature* 以封面文章的形式发表清华大学类脑计算研究中心施路平教授团队的论文《面向人工通用智能的异构"天机芯"芯片架构》,论文报告了面向人工通用智能的世界首款异构融合类脑计算芯片——"天机芯"[5]。人工智能技术赋能各行各业的通用人工智能才是未来的发展方向,基于计算机和神经科学两个主要方向的融合被公认为是发展通用人工智能的最佳解决方案之一,而其基础则为支持融合计算的平台硬件。"天机芯"则可同时支持计算机科学和神经科学的神经网络模型,发挥它们各自的优势。

8.4.2 润物细无声

对芸芸众生而言,人工智能也在慢慢浸润着大众的生活,基于人脸识别的考勤机、声控密码锁、智能手表等智能产品越来越丰富。我们有理由相信:一个遍布智能传感和控制设备的人类社会即将到来。在不远的将来,人工智能将成为人类的助手,甚至是人类的朋友;它将回答人类提出的问题,帮助教育孩子,并照顾其健康;它将把货物送到家门口,把人从一个地方送到另一个地方;它将成为人类通往一个日益复杂和信息密集的世界的接口。更为重要的是,人工智能将在所有科学领域,从基因组学到数学,帮助人类科学家取得新的突破性发现。

人工智能最终将被应用到人类社会和日常生活中的每一个角落,就如同今天的互联网已成为人们生活不可或缺的组成部分一样。人工智能要发挥其真正的潜力可能需要一段时间,但人工智能正在到来,它将以一种奇妙的方式改变我们的世界。在这段时间内,人类也在发展,也在解决伴随人工智能的各种问题,人类和人工智能是在互相成长进步的。

8.4.3　路在何方

尽管人工智能已经取得了令人兴奋的进展,但人们仍然担心它的可用性、透明性和安全性,思考人工智能未来路在何方? 当前人工智能面临算法歧视、可解释性等挑战,以及未来可能出现对劳动力市场的大规模影响、通用人工智能安全性等问题。

人工智能先驱、图灵奖得主 Judea Pearl 在所著《为什么: 关于因果关系的新科学》(*The Book of Why: The New Science of Cause and Effect*)书中阐述因果推理将使人工智能具有更灵活、更像人类的行为[6]。随着人工智能在模仿人类推理任务上越来越好的表现,研究人员是否能如同描述人类推论机制一样恰当地描述人工智能系统潜在的机制,这个问题变得越来越重要。企业和研究人员因热衷于模仿人类的仿真,会在复制人类能力的模型上进行过度投资,而这些模型与人类的基本结构不同,这就意味着在不改变系统的基本结构的情况下,无法实现从“接近人类性能”到“达到人类性能”的跨越。

人工智能正在扩展合成媒体(文本和音视频)的能力,使得个人更容易创作出虚假的或篡改的媒体内容,造成日益严重的安全威胁。诈骗犯利用人工智能来模仿 CEO 的声音,要求进行 22 万欧元的欺诈性交易。Deepfake 技术的发展以及可能的解决方案,使得公众越来越多地意识到人工智能的能力和潜在威胁。

如何利用人工智能和数据分析来保护数字市场中消费者的权利,人工智能驱动的分析合同、广告和算法的工具如何帮助公民社会更好地行使他们的权利,并对商业行为进行监督,这是广大消费者关注的焦点。人工智能目前被认为是对消费者构成威胁的来源,企业不断收集、分析和使用消费者的数据以提高销售额并影响消费者的行为。这些威胁是真实存在的,但不是全部。人们对人工智能的道德问题的分析越来越感兴趣,保护消费者远离人工智能的不公平使用正在成为一个重大的社会挑战。研究认为,应该更多地关注消费者如何使用人工智能来应对数字市场中的道德和监管挑战。人工智能领域的研究人员和法律工作者应该尝试把人工智能中的神经网络和符号方法结合起来,这是把数据驱动的任务(如检测和分类)与需要规范化一些背景知识应用的高级推理任务结合起来的关键一步。

有人担心如果允许人工智能做出深层次影响人类生活的决策,社会将面临的危险。也有人担心人工智能的滥用以及使用基于人工智能的决策会引发灾难性后果,因为人类不能完全理解如何量化某些人工智能的模型的不确定性和局限性。其实,人类也不用对人工智能产生恐慌,在相信人类创造力的同时,也要相信人类的适应调整能力。

人工智能未来将是科学技术、经济学、政治学、哲学、生物学和心理学等多领域不断融合创新的过程,人工智能将变得越来越可解释,尽可能地依赖数据决策,作为一种普适技术能更加"平淡无奇"地广泛传播,未来将进一步压缩科幻想象的空间。

让我们一起打开人工智能的"宝盒",人与机器和谐共处的未来正在向我们招手!

参 考 文 献

[1] Kurzweil R. 奇点临近[M]. 董振华,李庆诚译. 北京:机械工业出版社,2011.

[2] Chace C. Artificial intelligence and the two singularities[M]. London:Chapman and Hall/CRC, 2018.

[3] Bostrom N. Superintelligence[M]. Oxford:Oxford University Press, 2017.

[4] Gordon R J. The rise and fall of American growth:the US standard of living since the civil war[M]. Princeton:Princeton University Press, 2017.

[5] Pei J, Deng L, Song S, et al. Towards artificial general intelligence with hybrid Tianjic chip architecture[J]. Nature, 2019, 572(7767):106 - 111.

[6] 达纳·麦肯齐. 为什么:关于因果关系的新科学[M]. 江生,于华译. 北京:中信出版社,2019.

英文缩略对照表

缩　写	全　　　称	中　文　对　照
AI	artificial intelligence	人工智能
ABC	artificial intelligence, big data, cloud computing	人工智能,大数据,云计算
AGI	artificial general intelligence	通用人工智能
ANI	artificial narrow intelligence	弱人工智能
ASI	artificial super intelligence	超级人工智能
AR	augmented reality	增强现实
BCI	brain computer interface	脑机接口
DIKW	Data Information Knowledge Wisdom	数据、信息、知识、智慧
GGC	Global Navigation Satellite System Geospace Constellation	全球卫星导航系统空间星座
IIOT	Intelligent Internet of Things	智联网
ITS	intelligent tutoring systems	智能教学系统
IM	intelligent manufacturing	智能制造
LOCUST	Low-cost UAV Swarming Technology	低成本无人机集群技术
PARC	Palo Alto Research Centre	帕洛阿尔托研究中心
ROS	robot operating system	机器人操作系统
RCV	robotic combat vehicle	机器人战车
UAS	unmanned aircraft systems	无人机系统
VR	virtual reality	虚拟现实